LA LOGIQUE INTERNE

DANS LA MÊME COLLECTION

Déjà parus :

P. BAILHACHE : *Essai de logique déontique,* 224 p.
A. BRENNER : *Duhem, science, réalité et apparence,* 254 p.
P. DUHEM : *Sozein ta phainomena. Essai sur la notion de théorie physique de Platon à Galilée,* 144 p.
G. W. LEIBNIZ : La naissance du calcul différentiel : *26 articles des Acta Eruditorum.* Traduction, introduction et commentaire de M. Parmentier, 504 p.
H. SINACEUR : *Corps et modèles. Essai sur l'histoire de l'algèbre réelle,* 496 p.

En préparation :

G. BOOLE : *Les lois de la pensée.* Traduction et introduction de S.B. Diagne.
J. LARGEAULT : *Intuitionisme et théorie de la démonstration.*
A. MICHEL : *Etude sur la constitution et les développements de la théorie moderne de l'intégration.*

MATHESIS
Directeurs : Michel BLAY — Hourya SINACEUR

LA LOGIQUE INTERNE

par

Yvon GAUTHIER
Professeur à l'Université de Montréal

PARIS
LIBRAIRIE PHILOSOPHIQUE J. VRIN
6, Place de la Sorbonne, Ve

1991

Printed in France
ISBN 2-7116-1048-9

A Johanne

AVANT-PROPOS

L'idée d'un ouvrage sur la logique interne a été nourrie par deux motifs : d'un côté la conception d'une logique interne au discours mathématique, de l'autre le rejet de la logique classique avec ses notions globales au profit d'une logique constructiviste des concepts locaux. La critique fondationnelle de la théorie des ensembles et de la sémantique ensembliste, la théorie des modèles de la logique contemporaine, ont fourni la motivation philosophique d'un retournement anti-frégéen qui fait retour à Fermat et à la descente infinie par-delà Cantor et l'arithmétique transfinie.

L'ouvrage est divisé en trois parties, « Logique interne et logique externe », « La logique mathématique » et « La logique du discours mathématique ».

Le style de l'ouvrage est en général informel. Je n'ai introduit le formalisme que parcimonieusement, là où il était nécessaire à la compréhension du texte, préférant reléguer aux appendices les développements formels et les analyses plus ponctuelles.

Mon propos est d'abord philosophique et j'ai choisi à certains moments de me limiter aux indications bibliographiques de travaux spécialisés (y compris les miens) plutôt que de multiplier les détails techniques.

Ce texte a été écrit en grande partie à l'automne 1986 lors d'un séjour de recherche à Leningrad où j'étais invité par la Section de Leningrad de l'Institut de Mathématiques de l'Académie des Sciences d'URSS (LOMI). Je remercie les professeurs N.A. Šanin et Yu.V. Matijasevič de LOMI pour de fructueuses discussions. Je remercie aussi le professeur A.S. Troelstra du Mathematisches Instituut de l'Université d'Amsterdam où j'ai passé quelque temps. J'ai bénéficié d'une subvention de recherche du Conseil de recherches en sciences humaines du Canada durant mon séjour dans ces hauts lieux des mathématiques constructivistes. Je conserve cependant toute la paternité des idées qu'un esprit nomade a récoltées pour en faire ce livre ; ces idées ont de nouveau été semées dans des conférences à Oxford, Paris et Moscou pour en livrer l'essentiel maintenant. J'ai discuté avec Edward Nelson de Princeton de quelques aspects de l'arithmétique prédicative et Hourya Benis-Sinaceur a fait une lecture attentive de mon texte et a suggéré de nombreuses améliorations qui l'ont rendu plus lisible.

INTRODUCTION

0. Que doit-on entendre par logique interne? Ce que je désigne par logique interne du discours mathématique correspond à ce que Hilbert appelait « das inhaltliche logische Schliessen » (« la déduction logique du contenu ») qu'il opposait à la « formale Logik » [56]. Hermann Weyl [109] utilise l'expression « inhaltliches Denken » (« la pensée du contenu ») et Brouwer fait un usage constant d'« inhaltlich » que je traduis par « interne ». Une logique interne serait donc une logique du contenu, c'est-à-dire une logique isomorphe aux structures d'un discours régional, d'une théorie définie[1]. Logique du contenu plutôt que logique formelle ou logique de la forme? L'opposition n'a pas de sens défini. En logique, il faut bien séparer système formel et modèle d'une théorie, c'est-à-dire la syntaxte et la sémantique, mais cette division est intralogique et signifie seulement la nécessaire complémentarité d'un formalisme et de son interprétation pour une théorie particulière. La logique interne n'est pas moins formelle, elle vise seulement à représenter mieux les constituants singuliers d'une théorie sans supposer un schéma unique qui serait applicable à une théorétique universelle.

Il faut donc imaginer une hiérarchie de logiques internes en commençant par la plus simple ou la plus pauvre. Ainsi on devrait

1. Dans la pratique mathématique courante, les termes « interne » et « externe » ont plus d'une acception. Pour donner un exemple, Johnstone dans son traité [60], définit la notion de catégorie interne à un topos arbitraire. Ici interne signifie qu'on veut échapper à l'univers des ensembles. Par ailleurs, pour E. Nelson [76] une théorie des ensembles interne signifie qu'on y incorpore un prédicat « x est standard » qui commande de nouvelles procédures déductives sans ajout de nouvelles entités mathématiques externes. Pour nous, si ces emplois ne sont pas divergents, ils n'ont pas la cohérence souhaitée d'une théorie de la logique interne qui s'inspire de la pratique pour mieux l'unifier.

avoir une logique interne de l'arithmétique, de l'analyse, de la topologie, etc... pour les différents discours mathématiques. Cette multiplicité des logiques internes risque pourtant de nous égarer. Le point de vue classique suppose qu'il n'y a qu'une seule logique; c'est la conception de Quine [85]: « La grammaire et la logique sont des biens essentiels pour tous les usagers ».

La logique serait une sorte de grammaire universelle dont les usagers d'une grammaire locale pourraient se servir pour édifier des théories communes ou fabriquer une langue œcuménique. Cet espéranto logique serait la logique classique bivalente et booléenne. Sans nier ce point de vue, on peut penser que la logique classique a un domaine de validité plus restreint, qu'elle est peut-être la logique interne du discours quotidien, en tout cas la logique interne des situations finies, comme le pensait Brouwer. Une perspective plus dominicale (ou sabbatique) mettra davantage l'accent sur les pratiques particulières qui répondent aux besoins divers d'usagers multiples. Le fait que la logique classique est un bien utile ne veut pas dire qu'on doive y recourir en toutes occasions, seulement qu'il s'agit d'un cadre de référence commode. La simplicité des lois classiques ne doit pas être considérée comme le standard de la logique interne, mais plutôt comme un critère de démarcation entre les logiques, entre les versions constructives et non constructives de la logique, par exemple. Dans ce sens, la logique première sera la plus contraignante, la plus pauvre en propriétés et la plus riche en exigences, la plus simple en structures mais la plus difficile dans sa construction. Mais il est inutile de discuter les mérites des différentes logiques, si on ne définit pas les critères de validité de la logique interne.

Les deux éléments les plus importants de la question semblent être la pertinence fondationnelle (ou théorique) et l'adéquation pratique (ou empirique). On voit réapparaître la vieille dichotomie théorie-empirie, mais ici c'est à une nouvelle dialectique que nous sommes conviés.

Le concept de pertinence fondationnelle n'a rien à voir avec les fondements au sens philosophique du terme; les options philosophiques traditionnelles ne peuvent fournir que des fondements externes, alors qu'une justification interne est requise. Les fondements internes sont donc *ad hoc*, locaux. L'entreprise fondationnelle demeure philosophique dans la mesure où elle fait appel à des concepts généraux qui recouvrent un vaste domaine de la connaissance ou une immense région de l'expérience et, en dernière analyse, la totalité de la théorie et de la pratique. Mais dans tous les cas particuliers d'une théorie logique, mathématique ou scientifique, on doit pouvoir trouver une justification interne. La thématique constructiviste, dans ce contexte, ne prétend pas à la validité universelle, mais à une meilleure compréhension des relations inter-théoriques et du rapport théorie-pratique.

L'adéquation pratique signifie que l'on différencie les différentes logiques avant de les intégrer dans un schème unificateur et surtout que la pratique est souveraine. Cela ne veut pas dire que les praticiens sont les meilleurs juges de leur propre pratique, mais le logicien ou théoricien ne peut simplement évaluer les pratiques d'un point de vue supérieur sans être soumis à son tour aux tests de la pertinence et de l'utilité. Un schème fondationnel doit être jaugé par rapport à la pratique réelle, de la même façon qu'une théorie scientifique est confrontée à l'expérience. Il n'y a pas, cependant, de test ultime ou de validation finale. L'empirisme pratique suppose seulement que la révision est toujours possible et que les fondements sont abyssaux, i.e. ne sont jamais derniers.

1. Faisons une première distinction entre fondements constructivistes et fondements structuralistes. L'école Bourbaki a inspiré des travaux récents en philosophie des mathématiques, les travaux de P. Resnick, S. Shapiro et autres[2] et en philosophie des sciences, ceux de J. Sneed, W. Stegmüller (en particulier, Günther Ludwig pour les fondements axiomatiques de la mécanique quantique). Ces travaux ont insisté sur les dimensions structurales des mathématiques et de la physique.

Sans rejeter tout de go l'approche structuraliste, qui a connu son heure de gloire en philosophie française, on doit l'évaluer critiquement, non pas tant à cause du point de vue formaliste de Bourbaki qu'en raison du fait que le concept de structure est lié davantage à une reconstruction axiomatique qu'à la pratique. Il est vrai, qu'à l'origine, le concept de structure a été partie intégrante de la théorie bourbakiste des ensembles. Les structures locales, par exemple, ont été introduites par C. Ehresmann; ce sont les espaces topologiques qui constituent ces structures locales à côté des autres structures-mères que sont les structures d'ordre et les structures algébriques. Ce serait se méprendre cependant sur le rôle fondationnel de la notion de structure que d'y

2. Voir S. Shapiro, ed. *Intensional Mathematics*, Amsterdam, North-Holland, 1985.

voir un paradis cantorien d'idéalités mathématiques où l'on parle français ! Pour la physique, l'approche structuraliste se limite à la description anatomique du squelette d'une théorie du point de vue ensembliste. La sémantique des théories physiques les plus pauvres ne peut que leur prêter son mobilier ontologique, c'est-à-dire l'univers sémantique de la théorie des ensembles élémentaire. Le constructivisme, d'autre part, s'intéresse à la genèse des concepts, leur genèse théorique et historique et non pas leur genèse psychologique. Le contenu constructif des concepts est l'enjeu. Je propose de distinguer concepts structuraux et concepts constructifs : les concepts structuraux seront des concepts globaux, des concepts de première approximation apparentés aux concepts-limites « Grenzbegriffe » de Kant, alors que les concepts constructifs seront locaux, explicites, « procéduraux » et ils ne décriront pas un état de choses idéal, mais des procès actuels dont le concept n'est que le sténogramme. Le concept d'ensemble, par exemple, pourrait être considéré comme un sténogramme du procès d'« ensemblage » d'objets concrets ou d'objets analogues ; il serait clair alors que le concept d'ensemble ne s'applique qu'aux collections ou ensemblages finis. Dans ce sens, les structures sont des produits de la construction.

La distinction local-global est aussi omniprésente en mathématiques, de la géométrie différentielle à la géométrie algébrique et de la théorie des groupes à la théorie algébrique des nombres. Dans sa *Zahlentheorie* [54] H. Hasse distingue, par exemple, un corps (de nombres algébriques) K ou une de ses extensions k/m et sa localisation ou singularisation k_p où p est un nombre premier particulier ; l'étude du premier cas est globale « im Grossen », alors que l'étude du second est locale « im Kleinen ». La distinction constructif-structural est plus générale, mais elle est dans le même esprit.

2. On peut trouver un autre sens à « logique interne », celui de logique contextuelle. Les travaux récents en pragmatique de J. Barwise et J. Perry[3], entre autres, suggèrent qu'en sémantique situationnelle la logique va au-delà du langage dans la mesure où il existe des situations extra-linguistiques qui sont régies par une espèce de logique contextuelle inhérente (interne) à un comportement non verbal. S'il faut rendre compte de l'information et de l'inférence

3. Voir J. Barwise et J. Perry, *Situations and Attitudes*, Cambridge, Mass., M.I.T. Press, 1983.

informationelle de façon non métaphorique, on doit recourir à une forme de langage, que ce soit le plus abstrait ou le plus rudimentaire des langages. Parce que c'est une condition *a priori* pour toute situation qu'elle soit expressible en tant que situation; la vie mystique, par définition, n'a pas de site et pourtant le langage poétique réussit à la rendre au langage. L'acquisition des connaissances est un procès informationnel de caractère local et son langage n'est pas nécessairement verbal. J'appelle langage toute combinaison (stochastique ou non) de signes qui produit du sens pour des agents linguistiques constructeurs en interaction. La signification est elle-même le résultat d'un procès d'interaction internalisé. Les langues naturelles et les langues artificielles n'ont pas besoin de fondements différents, les langues formelles n'étant rien d'autre que des fragments arbitraires de la langue naturelle. Et la logique de la partie n'est pas la logique du tout, comme dirait un « méréologicien ». En fait, la logique interne du tout peut être plus simple que la logique interne de certaines de ses parties, ou pour utiliser un langage systémique, le mécanisme interne d'un système peut être moins complexe que les mécanismes des « systéments » (ou éléments du système). Le langage ordinaire pourrait fonctionner à partir d'une logique booléenne qui ne serait pas affectée par la logique des espaces topologiques ou des topoi ou par la logique de la théorie quantique des champs. La logique doit néanmoins recouvrir toutes les relations ou propriétés logiques. Une façon de voir est le point de vue architectonique ou hiérarchique (qui est déjà constructiviste). Les arcs-boutants peuvent avoir une structure plus complexe que la voûte élégante d'une église gothique; c'est uniquement le procès de la construction qui rend manifeste les fondations chtoniennes d'un rêve céleste. Plus bas encore, nous construisons notre géologie avec la même logique tellurique. La recherche fondationnelle est née des motivations pratiques et de la justification théorique: la pratique a besoin d'un guide et la théorie d'une orientation. Ni l'orientation, ni le guide ne sont cependant certains. Hilbert rêvait d'une certification (« Sicherung »), mais la sûreté des fondements n'a trouvé son lieu dans aucune philosophie fondationnelle et ce ne devrait pas être une fin en soi que de chercher une justification ultime des mathématiques et du savoir scientifique. Il devrait être possible de rendre compte de notre activité et de notre expérience d'une manière satisfaisante. Ici encore, la satisfaction intellectuelle ne semble pas suffire et la soif théorique n'est jamais apaisée.

3. Une solution au problème des fondements serait de dire que les fondements les plus simples s'acquittent de la tâche; pour la logique, la logique des quantificateurs du premier ordre, pour les mathématiques, la théorie des ensembles ou la théorie des catégories (ou des topoi) du premier ordre, pour la physique, un langage du premier ordre capable d'exprimer toutes les assertions vraies de la science. D'où vient le privilège des langages du premier ordre? Dans un monde de propriétés et de qualités, les langages d'ordre supérieur semblent requis. Je soutiens malgré tout que les propriétés, les qualités et les entités correspondantes (les substances) sont des concepts structuraux en manque de construction. Les concepts du premier ordre seront donc des approximations constructives de concepts du second ordre ou d'ordre supérieur. Le fait qu'ils soient seulement des approximations ne signifie pas que les concepts du premier ordre sont insuffisants, mais plutôt que les concepts structuraux (idéaux) sont vagues, indéterminés et que les concepts exacts, constructifs sont impuissants à capter la globalité ou l'indétermination des concepts d'ordre supérieur. Des exemples: le concept de sous-ensemble arbitraire d'un ensemble infini, le concept de suite fondamentale ou celui de prédicat arbitraire dans la théorie (catégorique) des nombres du second ordre. Prenons, par ailleurs, les notions de fonction d'une variable réelle et de fonction analytique: les unes sont représentées par des séries trigonométriques et les autres par des séries de puissance qui les approximent. Rappelons-nous aussi qu'on considère en mathématiques constructives le cardinal $\aleph_0$ comme l'expression du premier ordre et la cardinalité $2^{\aleph_0}$ qui correspond à P(ω), l'ensemble des parties de ω, comme l'expression de l'univers ensembliste du second ordre. Bishop, Markov, Šanin (et parfois Dieudonné) font cette distinction. (Voir les notes 4 et 5 du chapitre I).

4. La question fondamentale que soulève la logique interne porte sur l'«internalité». Il ne s'agit pas là d'un vestige d'essentialisme pour lequel le cœur intime du discours (ou de la chose «cardo rei») posséderait une logique intrinsèque, comme si un logos universel habitait le cosmos. Bien plutôt, interne est synonyme de local, c'est-à-dire de particulier ou restreint. La logique est interne en plus d'un sens et l'universalité n'est rien d'autre que l'intégration des différentes logiques. Qu'il y ait une logique première est une hypothèse fondationnelle qui doit être mise à l'épreuve (ou testée) et la jauge demeure celle de l'expérimentation.

La logique arithmétique est l'appellation d'une logique mathématique fondamentale. Non pas une logique fondée sur l'arithmétique, mais sur la logique de l'arithmétique, essentiellement, les opérations d'un agent et les procès d'une activité objectivés dans quelque langue minimale. Ces opérations sont les opérations arithmétiques et les procès sont ce que j'ai appelé les « suites effinies » (les suites finies étant simplement les ensembles). La minimalité signifie que la logique arithmétique a des contraintes maximales, les autres logiques se relayant dans l'ordre décroissant des contraintes jusqu'à une logique booléenne maximalement simple. Dans le cadre de l'arithmétique ordinaire, on dispose des opérations d'addition, soustraction, division, multiplication, exponentiation et induction effinie. Ces trois dernières opérations sont évidemment bornées. Les constantes logiques correspondent aux opérations arithmétiques, l'addition pour la disjonction, la multiplication pour la conjonction, l'exponentiation pour l'implication, la soustraction pour la négation ou la complémentation locale ; le quantificateur existentiel correspond à un énoncé numérique et le quantificateur universel ne s'applique qu'aux domaines finis (ensembles), tandis que le quantificateur effini s'applique lui aux suites effinies. Les domaines des énoncés arithmétiques sont locaux tout comme leurs extérieurs (interprétés comme les domaines des assertions négatives ou des énoncés niés dans les entiers naturels).

Le point central est que la logique arithmétique doit servir comme un fondement de toutes les logiques, à commencer par la logique propositionnelle et la logique des prédicats du premier ordre. C'est là un renversement de perspective, un retournement non frégéen ou anti logiciste. Traditionnellement, l'arithmétique a servi de structure interprétative pour la logique : l'univers arithmétique était étroitement associé à l'univers ensembliste en sémantique formelle. Pensons aux résultats d'incomplétude de Gödel : l'arithmétisation de la syntaxe est liée au système formel d'une arithmétique, celle de Peano, et la théorie des modèles de Tarski nécessite l'univers arithmétique pour la notion de satisfaction. Hilbert a besoin de modèles arithmétiques – l'arithmétique ne requiert pas de justification, dira-t-il – dans sa preuve d'indépendance du cinquième postulat d'Euclide ; Herbrand avec sa notion de « champ réduit » et Skolem avec sa théorie finitaire de l'arithmétique n'ont pas fait autrement. Avant l'émergence de la logique mathématique, l'arithmétique jouissait du même statut privilégié en mathématiques, d'Euclide à Fermat et de Gauss à nos jours. On n'a qu'à évoquer son rôle central en analyse, dans l'arithmétisation de l'analyse (Weierstrass, Dedekind) et dans l'algèbre abstraite (Kummer, Kronecker).

Les preuves arithmétiques de Selberg, Erdös et autres du théorème sur la distribution des nombres premiers et du théorème de Dirichlet sur les progressions arithmétiques constituent un moment capital de l'arithmétique ou de la théorie des nombres. Non seulement parce qu'on y utilise uniquement des méthodes élémentaires, i.e. arithmétiques à l'opposé des méthodes transcendantes ou analytiques, mais aussi parce qu'on y extrait le contenu constructif des énoncés arithmétiques de leur gangue structurale. Les degrés de la constructivité vont de la logique arithmétique à l'arithmétique prédicative et aux mathématiques constructivistes. Les frontières entre local – prédicatif – fini – élémentaire – effectif – arithmétique – constructif et encore combinatoire ou computationel et algorithmique sont floues et on pourrait insérer plusieurs signes d'équivalence dans cette liste. Les techniques constructives d'approximation n'ont pas pour seul but de vider le paradis cantorien, elles visent d'abord une logique interne, l'approche locale du contenu.

La géométrie algébrique, peut-être la plus active des disciplines mathématiques contemporaines avec la théorie de la classification des groupes finis, comporte aussi une arithmétique interne. La géométrie algébrique est surtout une algèbre complexe et l'algèbre réelle n'en a pas l'extension[4]. En vertu des résultats récents de Deligne sur la conjecture de Weil (pour les variétés rationnelles) et de Faltings sur la conjecture de Mordell[5], la géométrie algébrique est devenue géométrie algébrique arithmétique ou simplement géométrie arithmétique (voir [25] et [94]). On pourrait répondre que ces résultats sont le fruit d'une grande variété de méthodes, les méthodes analytiques transcendantes incluses. Mais je soutiens que l'arithmétisation ici a les mêmes fins que l'arithmétisation de l'analyse, c'est-à-dire la construc-

---

4. Cela est moins vrai depuis le renouveau de la géométrie algébrique réelle inspirée par la théorie des catégories (et des topoi). Voir là-dessus l'ouvrage de J. Bochnak, M. Coste et M. F. Roy *Géométrie algébrique réelle,* Berlin, Springer-Verlag, 1987. Une étude historique de l'algèbre réelle a été faite par H. Sinaceur dans *Corps et modèles, Essai sur l'histoire de l'algèbre réelle*, Paris, Vrin (collection Mathesis), 1991.

5. P. Deligne a démontré en 1973 l'hypothèse de Riemann pour les variétés rationnelles (sur les corps finis) ; c'est là une conjecture que Weil avait formulée en 1949. Quant à la conjecture de Mordell, elle remonte à 1922 et elle porte sur le nombre fini de points rationnels sur toute courbe algébrique ; elle a été démontrée par G. Faltings en 1983.

tion de bornes effectives (à la place de la limite classique) pour des résultats de finitude (à la place des conditions de continuité). Les formulations équivalentes sont en termes de bornes explicites, quantitatives ou computables [3]. Remarquons qu'il y a de ce côté une abondance de preuves par contradiction (*reductio ad absurdum*), mais elles ne font pas problème du point de vue constructiviste, puisqu'elles font appel la plupart du temps à la méthode de la descente infinie de Fermat; la descente est indéfinie, comme disait Fermat, ou mieux elle est finie, puisqu'elle s'arrête à 1. Cette méthode en est une de réduction, à proprement parler, si on la compare à l'induction transfinie de Gentzen qui «monte» jusquà ε_0 [6]. C'est le problème de l'«effectivité» qui est au centre de la méthode et au cœur de la mathématique contemporaine. Et la logique doit procéder à la chirurgie transcendantale, si le besoin se fait sentir.

L'analyse fondationnelle reste prudente: le choix des concepts et des méthodes est une tâche délicate, comme Kreisel l'a souvent répété [7]. Si la distinction entre preuves élémentaires et preuves analytiques a une signification plus philosophique que mathématique [23], il n'est sûrement pas vrai que les méthodes effectives et l'esprit constructiviste jouent un rôle secondaire dans la recherche mathématique – pensons aux techniques d'approximation en théorie des nombres et aux résultats de finitude en géométrie algébrique que nous avons évoqués plus haut.

Une méthode générale qui devrait faire l'objet d'analyse concerne ce que l'on peut appeler l'induction «libre», une procédure qui recourt librement à l'axiome du choix ou à un principe analogue dans la création de nouveaux êtres mathématiques. Grâce à l'axiome du choix ou à des axiomes équivalents, on peut certes obtenir des bornes, mais elles ne sont pas effectives – l'élimination du symbole ε de Hilbert [8] et la théorie des fonctions récursives se sont occupés de ce problème un temps. Le prolongement analytique, la plupart des théorèmes d'existence et quantité d'autres concepts semblent reposer

6. L'ordinal ε_0 est l'ordinal-limite de la suite des ω. Voir le chapitre II pour plus de détails.

7. Voir en particulier [68].

8. On sait que l'axiome du choix, dont l'énoncé le plus simple pourrait être «le produit d'une famille d'ensembles non vides est non vide» a toujours été la pierre d'achoppement des mathématiques finitaires. Hilbert en introduisant son symbole ε, qui est une fonction de choix employée un nombre fini de fois, voulait éliminer les quantificateurs (et leur contenu non constructif).

sur l'analogie entre l'induction sur les nombres naturels et l'induction libre sur d'autres domaines non intégraux. Il est sans doute possible de montrer qu'un tel usage de l'induction « transarithmétique » est à l'origine d'un grand nombre de méthodes transcendantes ou non effectives en mathématiques. L'algébrisation ou les vérifications algébriques, comme disait Hermann Weyl pour ses résultats sur les groupes semi-simples, consistaient à produire ou à construire effectivement les groupes en question dont l'existence était limitée à la non-contradiction. Les résultats sur les conjectures de Weil et de Mordell sont en filiation directe avec des problèmes classiques, comme l'hypothèse de Riemann sur les zéros de la fonction zêta

$$\zeta(z) = \sum_{n=1}^{\infty} \frac{1}{n^z}$$

qui doivent tous se trouver sur la droite $x=1/2$ dans l'intervalle fermé $[0 \leq x \leq 1]$; ou encore comme le dernier théorème de Fermat simplement formulé (dans les entiers)

$$\forall n > 2 \ \forall x \ \forall y \ \forall z \ (x^n + y^n \neq z^n)$$

Ces énoncés, comme les théorèmes sur les nombres premiers, semblent exiger des méthodes transarithmétiques. Mais la constructivisation ou une certaine mesure de constructivisation est toujours possible. Un bon exemple récent est la constructivisation partielle de la géométrie algébrique classique entreprise par Kreisel et MacIntyre pour le théorème de Siegel sur le nombre fini de solutions pour les équations diophantiennes [67].

5. Dans notre perspective, la logique au sens usuel serait dérivée de l'arithmétique en tant que combinatoire du langage ordinaire, selon le *dictum* de Wittgenstein « nous calculons (inconsciemment) avec les mots » [110] ou encore selon la théorie linguistique de Hjemslev ou même la théorie chomskyenne d'une grammaire récursive. Mais plus important encore, l'incomplétude de l'arithmétique serait réfléchie dans la logique du premier ordre et un théorème de complétude deviendrait simplement impossible. La complétude serait de nature expérimentale et toujours fragmentaire et non une conséquence naturelle de l'approche sémantique. Le caractère naturel de la logique en ce domaine s'incarne dans le théorème de Lindström – la logique du premier ordre est la seule qui soit close pour les

théorèmes de complétude, compacité et Löwenheim-Skolem[9]. L'inversion opérée par la logique arithmétique nous dispense de ces bénéfices abstraits. Sont encore «naturels», d'un point de vue classique, les modèles du second ordre, la catégoricité et les modèles non standards. «Naturel» signifie le modèle principal de l'arithmétique avec le postulat d'induction du second ordre. Mais c'est encore une fois l'idiosyncrasie de la sémantique qu'on postule comme le contexte naturel de ces concepts structuraux. Même ici, des velléités constructivistes se font jour; B. Poizat, dans un ouvrage [82] consacré à la théorie des modèles et à la théorie de la stabilité qui a été développée par S. Shelah, veut se restreindre à une sémantique finitaire du premier ordre. L'arithmétique avec des codages finis joue aussi un rôle important dans l'ouvrage de J.Y. Girard [46] où le langage des catégories obnubile cependant les motifs constructivistes. D'autres résultats récents, comme celui de Paris et Harrington ou ceux de Friedman[10], sur des énoncés arithmétiques de caractère combinatoire et indécidables dans l'arithmétique de Peano jettent une lumière nouvelle sur la primauté de l'arithmétique; reste à savoir s'il s'agit bien là de concepts du premier ordre et s'ils ne partagent pas l'imprédicativité de l'énoncé logique (diagonal) de Gödel. La logique interne (de l'arithmétique) ne privilégie pas l'arithmétique au détriment de la logique, elle retourne simplement la logique, la dépouille de sa métalogique (sémantique) et lui redonne un statut de pure syntaxe ou théorie procédurale ou opérationnelle de l'inférence et de la validité. La combinaison des énoncés (leur formation et transformation selon la forme logique) devient un procès régulateur entièrement déterminé par l'art arithmétique, réalisant peut-être ainsi le rêve de Leibniz dans un projet moins ambitieux qu'une «ars combinatoria» pour l'univers entier des concepts.

9. Rappelons que pour la logique du premier ordre le théorème de complétude assure l'équivalence entre la vérité dans un modèle et la prouvabilité dans un système formel, le théorème de compacité stipule que si tout sous-ensemble fini des axiomes propres d'une théorie T_1 a un modèle, alors T_1, a elle-même un modèle et le théorème de Löwenheim-Skolem énonce que si une théorie T_1, a des modèles finis de cardinalité arbitraire, alors elle a un modèle infini dénombrable (de cardinalité $\aleph_0$). La catégoricité dit simplement que les modèles de T_1 sont isomorphes entre eux.

10. Pour le résultat de Paris et Harrington, voir [79]. Pour les résultats de Friedman, on consultera l'article de S.G. Simpson «Non-provability of certain combinatorial properties of finite trees» in *Harvey Friedman's Research on the Foundations of Mathematics*, ed. by L.A. Harrington, M.D. Morley, A. Šcedrov and S.G. Simpson, Amsterdam, North-Holland, 1985.

Le schème unificateur d'une logique interne ne se rattache pas à un idéal métaphysique d'unification totale. Si le vœu d'unité sert une cause philosophico-logico-mathématique, celle du constructivisme, il n'en reste pas moins que l'utilité première du programme d'une logique interne du discours mathématique réside dans la clarté et la netteté des distinctions qu'il peut introduire dans la critique fondationnelle et les options fondatrices des théoriciens de la pratique. Les praticiens eux-mêmes, dans la mesure où ils s'intéressent à la justification rationnelle de leur activité, sont conviés au même débat.

I
LOGIQUE INTERNE ET LOGIQUE EXTERNE

1.0. Logique

La logique est la théorie de l'activité logique des agents linguistiques. Du langage ordinaire au langage scientifique et au langage mathématique, il y a une variété de formes de cette activité et le but premier de la logique est de définir ces formes, de les classer, d'en établir la hiérarchie, s'il en existe une. Cette description est à la fois empirique et théorique; d'une part, seule l'enquête empirique peut révéler les structures de l'activité logique et d'autre part seule une théorie – logique – peut rendre compte de la systématicité des pratiques, de leur unité ou à tout le moins de leur unification possible. Mais il ne s'agit nullement de prescrire des lois ou des règles, qui en seraient la modulation concrète, pour les diverses formes de l'activité logique. La logique n'est pas une grammaire universelle: si elle l'était, elle se résumerait à peu de choses. La logique du langage ordinaire, de n'importe quelle langue, la déborderait déjà considérablement. Or l'hypothèse d'une multiplicité de formes logiques dans l'activité linguistique oblige à penser que ce ne sont pas les mêmes structures logiques qui ordonnent tous les discours, en tout cas qu'il y a des différences importantes entre elles. Imaginer un seul ensemble de structures logiques communes à toutes les formes de langage relève d'un projet métaphysique dont on ne voit plus la pertinence. Si Aristote a voulu que sa syllogistique soit une matrice dans laquelle viennent se coucher toutes les formes du raisonnement naturel, c'est qu'il voyait dans la logique une simple formalisation qui permettait de classer les raisonnements selon quelques grandes *figures* ou schèmes abstraits. Et il ne disposait que de la langue et de la science (mathématique) grecques de son temps. On sait quel succès les deux ont connu et comment elles ont influencé non seulement la logique, mais toute la pensée occidentale. L'idée d'une configuration logique de la pensée est bien sûr liée à toute la pensée philosophique d'Aristote, mais surtout à sa métaphysique ou théorie de l'être – la théorie aristotélicienne de la définition y est ancrée[1]. Ce n'est pas le lieu ici de faire le procès de la métaphysique, mais c'est une hypothèse dont nous n'aurons pas besoin qui suppose que la logique reproduit dans son exercice un ordre extra-linguistique, que ce soit celui de l'être ou celui de la pensée, deux noms de la métaphysique qui ne trouvent pas de lieu assignable dans une logique empirique, c'est-à-dire une théorie de l'expérience des agents linguistiques. Il faut alors inverser le rapport parménidien entre être et penser, l'adéquation spinoziste entre la connexion des choses et la connexion des idées ou encore l'identité hégélienne entre le réel et le rationnel, si l'on veut admettre que les agents linguistiques tissent eux-mêmes la toile où sont prises toutes choses. Ce même rêve d'une unité de l'être et de la pensée avant toute construction linguistique se retrouve chez des logiciens contemporains à des degrés divers. De Frege à Tarski et à Quine, l'idéal d'une logique qui incarne l'unité du concept est toujours vivant et *l'ars combinatoria* de Leibniz hante encore plus d'un logicien ou d'un informaticien ! La volonté de s'en tenir à l'analyse empirique n'est pas étranger à une perspective critique qui pense que la logique est un savoir vrai et *épistémè* au sens grec ; le terme s'appliquait au discours mathématique. Il est bien évident que la théorie critique que nous voulons élaborer nous interdit de penser tous les discours mathématiques comme savoirs vrais et l'on verra que de grandes parties de la logique sont sans doute moins *vraies* que d'autres. Vrai est défini comme effectivement vérifiable : ne peut donc être vrai que ce qui est vérifié, c'est-à-dire rendu vrai par un processus de construction qui « fait le vrai ». Quant à l'intuition du vrai, ce sera pour nous simplement une déduction rapide, instantanée, dont on pourra reconstruire la genèse après coup ; une découverte logique ou mathématique devra être démontable pour en montrer les articulations ou les étapes de construction.

La logique arithmétique signifie à la fois logique arithmétisée et logique de l'arithmétique. Dans le premier sens, la logique devient une arithmétique ou un sous-système de l'arithmétique, dans le deuxième sens elle est la théorie logique de l'arithmétique ou des procès

1. Voir là dessus le livre de G.G. Granger, *La théorie aristotélicienne de la science*, [50].

arithmétiques. Dans ce deuxième sens, c'est donc la métathéorie ou métamathématique de l'arithmétique qui nous intéresse, mais non l'arithmétique des systèmes logiques (e.g. arithmétique de Peano), plutôt la théorie des nombres telle qu'on l'a pratiquée depuis Fermat – et avant lui, Diophante, Euclide, les Babyloniens – jusqu'à maintenant. Ce sont les pratiques et les méthodes de preuve de l'arithmétique qui nous intéressent ici et nous voulons, à l'exemple de la métathéorie de la logique classique, produire une métathéorie de la logique arithmétique, qui est, on l'aura compris, non classique, c'est-à-dire, dans ce cas, constructiviste. La logique arithmétique que nous envisageons est non seulement constructive, mais minimale, dans le sens où nous proposons l'interprétation la plus stricte possible des constantes logiques (connecteurs et quantificateurs) et des règles d'inférence ou méthodes de preuve. Sans être strictement finitiste, la logique arithmétique admet, hormis les ensembles (toujours finis) des procès, que nous qualifions d'effinis, déjà introduits ailleurs [38], [40], [42] et que nous expliquerons plus loin.

1.1. Logique classique et logique non classique

La syllogistique d'Aristote, l'algèbre de la logique chez Boole et la théorie conceptualiste de Frege – pour qui le nombre est l'extension d'un concept – toutes ces conceptions de la logique ont en commun une ontologie de l'univers logique, qu'on peut qualifier de dualiste. L'ontologie dualiste du vrai et du faux partage l'univers logique en deux moitiés symétriques, telle que l'envers de l'une est égale à l'autre et cette symétrie est globale, obnubilant ainsi le caractère local des assertions et des négations; ce caractère local n'avait pourtant pas échappé à Platon dans le *Sophiste*[2]. En effet, Platon définit le non-être comme autre de l'être « Quand nous disons le non-être, nous ne disons pas, semble-t-il, le contraire (*ἐναντίον*) de l'être, mais seulement l'autre de l'être (*τοῦ ὄντος ἀλλ ἕτερον νόνον*) (257b et 258b). Cet autre de l'être est par ailleurs innombrable *ἄπειρον δὲ πλήθει τὸ μὴ ὄν* (256e). La thèse du non-être comme altérité autorise donc une lecture de la négation comme relative ou locale dans la mesure ou l'autre de l'autre n'est pas nécessairement le même. Il serait vain de chercher chez Platon une théorie de la double négation, la doctrine des

2. Platon *Le Sophiste*, [80]. Remarquons que C. S. Peirce a tenté de formuler une théorie de la négation comme relation d'altérité, mais elle n'a pas eu de suite.

cinq genres, être, mouvement, repos, même et autre étant davantage d'inspiration ontologique; il aura suffi d'y puiser un motif d'inspiration. Spinoza s'inspire peut-être de la même source quand il énonce son axiome «Omnis determinatio est negatio» et la dialectique de Hegel est sans doute mue par le même motif quand elle prend la forme d'une négation (globale) de la négation (locale).

C'est pourtant ce caractère local des énoncés logiques qui nous paraît essentiel, en particulier dans le cas des énoncés négatifs qui a tourmenté Frege, Russell et Wittgenstein. La symétrie globale n'est qu'une première approximation de l'univers logique; si la symétrisation du vrai et du faux est possible pour des domaines d'assertion et de négation bien définis, c'est-à-dire des domaines finis et délimités, les domaines indéfinis (ou imparfaitement définis) et les domaines effinis (i.e. potentiellement infinis dans le sens classique) ne sont pas symétrisables ou ne le sont qu'au prix de la métaphysique bilatérale du vrai et du faux. C'est sans doute ce manichéisme du vrai et du faux qui est responsable d'une conception de la vérité et de la fausseté comme des entités séparées, des entéléchies indépendantes de l'activité «vérificatrice» des agents linguistiques qui établissent toutes les relations signifiantes entre les objets du savoir. Or le vrai et le faux sont relationnels, ce ne sont pas des transcendantaux – on verrait mal comment le faux pourrait être conçu comme transcendantal d'ailleurs. La relation du vrai au faux n'est donc symétrique que dans des cas particuliers et l'oubli de cette circonstance est la cause principale des problèmes que rencontre la logique classique. Quels sont ces problèmes? On peut dresser ici une liste partielle: récursivité du vrai et non-récursivité du faux, non-effectivité de la sémantique et par là divorce entre syntaxe et sémantique – et la pragmatique qui n'est encore qu'un sous-système de la sémantique, du moins en ce qui touche la pragmatique formelle – utilisation de notions ensemblistes comme univers de cardinalité infinie et tous les concepts sémantiques qui en dérivent, de la complétude au théorème de Löwenheim-Skolem et aux théorèmes d'incomplétude, enfin l'imprécision des notions fondamentales comme celles de négation, d'implication et même de déduction ou d'inférence. On le voit, c'est toute l'entreprise de la logique formelle qui est en cause et ce n'est rien de moins qu'une révolution antifrégéenne, ou anticantorienne si l'on veut, qui est envisagée ici. Révolution antifrégéenne, parce qu'elle vise la réduction logiciste et révolution anticantorienne, parce qu'elle vise la sémantique ensembliste.

Le principe du tiers exclu qui découle du principe de symétrie ou dualité (on dit encore bivalence) est une autre illusion transcendantale qu'il faut débusquer à la suite de Brouwer. Pourvu que l'on considère qu'une assertion est toujours locale – le global n'étant que le local itéré – on n'aura pas de peine à comprendre le caractère purement artificiel du principe de symétrie globale appliqué indistinctement à tout domaine d'objets (ou d'énoncés sur ces objets). Les énoncés logiques doivent être invariablement vrais, en vertu de leur forme seule, mais une tautologie est un énoncé relatif à un domaine et une contradiction l'est tout aussi bien. Les tautologies en logique propositionnelle nous apprennent quelque chose sur la forme des énoncés et nous pouvons effectuer un calcul sur elles. C'est à cet unique niveau élémentaire que la symétrie – entre tautologies et contradictions – est intégralement réalisée, ce qui est traduit par le théorème de décision. Le théorème énonce que le système formel de la logique des énoncés est décidable, c'est-à-dire qu'il existe une procédure effective ou mécanique qui détermine pour toute formule (ou énoncé) du système si c'est un théorème ou non. Ce résultat ne s'applique strictement qu'à ce système élémentaire ou aux systèmes équivalents, la plupart des systèmes formels étant indécidables, comme la littérature logicienne l'a abondamment montré. Brouwer a insisté quant à lui sur l'application limitée du principe du tiers exclu qui ne pouvait être prolongée aux procès effinis (potentiellement infinis pour Brouwer) des suites de nombres naturels ou rationnels (ces dernières définissant les nombres réels). Le mathématicien intuitionniste pensait qu'il s'agissait là d'une extension indue d'un mode de raisonnement ordinaire à des situations qui ne correspondaient plus à la réalité habituelle de la logique classique (bivalente)[3].

L'intuitionnisme brouwerien n'est pas la seule entreprise constructiviste à remettre en cause la validité universelle de la logique classique. Les variantes du constructivisme sont nombreuses, des semi-intuitionnistes français comme Borel et Lebesgue, des constructivistes finitistes à la Kronecker en Allemagne), des constructivistes russes, de Markov à Manin (qui semblent tous accepter le principe de Markov $\neg\neg\exists x\ A(x) \rightarrow \exists x\ A(x)$), sans oublier l'américain Bishop, jusqu'aux intuitionnistes actuels : Troelstra, van Dalen et autres qui s'intéressent avant tout à la formalisation de la logique et des mathématiques

3. Cf. L.E.J. Brouwer, *Collected Works*, [8], 492.

intuitionnistes à la suite de Heyting[4]. L'intérêt métamathématique de l'intuitionnisme va de pair avec les questions fondationnelles, mais les fondements philosophiques de l'intuitionnisme brouwerien n'ont pas retenu l'attention des chercheurs. Les thèmes de l'intuition du temps, du divorce de la pensée et du langage appartiennent à une métaphysique révolue – même les métaphysiques sont mortelles. C'est la logique de Heyting qui demeure le principal foyer d'attraction des recherches en logique constructiviste et c'est la logique de Heyting qui doit constituer le point de départ de la critique fondationnelle.

1.2. La logique de Heyting

La logique intuitionniste de Heyting consiste essentiellement à réinterpréter constructivement les constantes logiques. Bien d'autres interprétations ont été proposées (Kolmogorov, Grzegorczyk, Beth, Kreisel, plus récemment de Swart et Veldman), mais c'est l'interprétation de Heyting qui est la plus reçue et c'est elle que nous devons analyser[5]. La conjonction ne pose pas de problème, puisqu'on l'interprète comme « la donnée d'une preuve de A ∧ B est la donnée d'une preuve de A jointe à la donnée d'une preuve de B », la disjonction intuitionniste diffère de la disjonction classique en ce sens que « la donnée d'une preuve de A ∨ B est la donnée d'une preuve de A ou la donnée d'une preuve de B » alors que classiquement 'A ∨ B' est

4. Cf. notre article «Fondements des mathématiques» [41]. Aussi notre ouvrage *Fondements des mathématiques*, [31] et l'ouvrage de A.M. Beeson *Foundations of Constructivist Mathematics*, [4]. Pour le constructivisme russe, dans la tradition de Markov, où prédomine le concept d'algorithme (sur les mots d'un alphabet défini), on consultera les ouvrages de N.A. Šanin *Constructive Real Numbers and constructive Function Spaces*, [87] et aussi l'ouvrage de B.A. Kushner *Lectures on Constructive Mathematical Analysis*, [70]. Enfin, pour un point de vue «externe», voir A. Mostowski «On various degrees of constructivism» in *Constructivity in Mathematics*, [75].

5. Voir A. Heyting *Intuitionism*, [55] et aussi A.S. Troelstra *Principles of Intuitionism*, [100]. Par ailleurs, la logique catégorique (théorie des catégories) a cherché à se définir comme une logique de Heyting du second ordre, mais le caractère hautement non constructif du langage catégorique en fait une théorie sémantique qui se distingue peu de la sémantique ensembliste. Le même argument vaut pour la théorie intuitionniste des ensembles que Friedman, entre autres, a voulu élaborer et où les principes non constructifs ne sont pas exclus – par exemple, ce que Bishop appelle le principe d'omniscience «∀x Px ∨ ∃x ¬Px» y remplace le tiers exclu. Encore, l'interprétation fonctionnelle «Dialectica» de Gödel appliquée à l'entreprise de Bishop souffre aussi du caractère imprédicatif de la quantification sur tous les types (ordinaux) finis. Enfin la sémantique des modèles de Kripke est elle aussi classique; elle n'est pas «fidèle» à l'interprétation intuitionniste.

un énoncé vrai, quel que soit le membre qui obtienne l'assignation de la valeur de vérité V. La négation ┐A est obtenue quand on a la donnée d'une preuve de A → 1 = 0, c'est-à-dire lorsque A entraîne l'absurde. Nous avons ici la règle (⊥ signifie l'absurde)

$$\frac{\bot}{\neg A}$$

équivalente à la règle intélim (introduction-élimination) pour l'introduction de la négation que l'on trouve dans la théorie de la déduction naturelle de Gentzen.

Remarquons que Heyting admettait en plus la règle

$$\frac{\bot}{A}$$

et la logique classique est définie par l'adjonction de la règle

$$\frac{\neg\neg A}{A}$$

en supposant bien entendu que A = ┐┐A, donc réduction à l'absurde, admise seulement pour les cas finis, comme le répétera Brouwer, puisque l'intuitionnisme ne saurait admettre le tiers exclu universel, ce qui signifie que

$$A \neq \neg\neg A$$

┐┐A → A impliquant le tiers exclu; alors que A → ┐┐A est justifiable aux yeux de Brouwer. Ici gît un problème foncier de la logique intuitionniste: le problème de l'implication. L'implication est en effet pensée comme une preuve de A → B réalisée par une construction qui transforme la donnée d'une preuve de A en la donnée d'une preuve de B et qui s'accompagne en plus d'une preuve de cette transformation; ce qui manque dans cette description, c'est évidemment une représentation objective, purement mathématique, de cette double transformation et par là une justification de l'implication A → ┐┐A. Or, nous verrons dans le chapitre 3.8 qu'une représentation objective de l'implication constructiviste (ou locale, comme nous l'appellerons) ne peut justifier l'implication A → ┐┐A. Les autres constantes logiques ne posent pas de difficultés: le quantificateur existentiel ∃x Ax repose sur une instance numérique – nous nous écartons légèrement de Heyting ici – et le quantificateur universel ∀x Ax n'est applicable qu'à la totalité des éléments d'un ensemble déjà construit. Pour Heyting et Brouwer – bien que ce ne soit pas toujours très clair – les domaines dénombrables sont admissibles pour la quantification universelle. Une interprétation plus radicale limitera la quantification universelle aux domaines finis (ensembles) et introduira une quantification effinie; notée Ɐx Ax, pour les procès (suites) non finis. La distinction entre constructions et notions introduite par l'intuitionnisme n'est pas suffisamment explicite – malgré les travaux de Kreisel et Goodman – pour que nous la retenions. Les preuves sont des constructions linguistiques et nous ne voulons pas imaginer d'opérations mentales qui n'auraient pas de représentation linguistique, ce que pouvait laisser croire une théorie des propriétés des preuves – voir là-dessus [31], p. 81.

Nous avons vu que l'implication n'avait pas de représentation objective dans l'intuitionnisme et que la négation était tirée de l'absurde. Hermann Weyl dira qu'il ne comprend pas ce qu'est l'absurde. Mais Brouwer avait cru voir dans le traitement intuitionniste des assertions négatives les linéaments d'une logique mathématique intuitionniste.

1.3. La théorie de la négation chez Brouwer[6]

Bien que Brouwer, comme il est bien connu, n'accepte pas le principe du tiers exclu ou son corollaire, le principe de réciprocité de la complémentarité dans sa forme générale

$$\forall x\,(\neg\neg Ax \rightarrow Ax),$$

il admet le principe d'équivalence pour une suite finie de négations

$$\neg\neg\neg A \leftrightarrow \neg A$$

c'est-à-dire que l'absurdité de l'absurdité de l'absurdité de A équivaut à l'absurdité de A, pourvu que le dernier terme de la suite, négation ou double négation, soit conservé, i.e.

$$\neg\neg\neg\neg A \leftrightarrow \neg\neg A$$

ou

$$\neg\neg\neg A \leftrightarrow \neg A$$

Les principes universels du tiers exclu, de réciprocité de la complémentarité ou de décidabilité dans sa forme

$$\forall x\,(Ax \vee \neg Ax)$$

ne sont certes pas admissibles et Brouwer a cru voir dans sa théorie des *assertions négatives* une caractéristique spécifique de la logique mathématique intuitionniste[7]. Mais si Brouwer reconnaît la validité du

6. Cf. L.E.J. Brouwer, *Collected Works*, [8], 268, 277, 494, 524.
7. Cf. L.E.J. Brouwer, [8], 490.

principe du tiers exclu et de ses corollaires dans le domaine fini, c'est qu'il rejette l'implication

$$\neg\neg A \to A$$

pour les domaines infinis, alors que l'implication

$$A \to \neg\neg A$$

reste valide. Sans doute, faut-il admettre qu'il s'agit ici plutôt d'une suite effinie, c'est-à-dire potentiellement infinie, qu'on peut terminer arbitrairement à un terme n par une négation $\neg A$ ou une double négation $\neg\neg A$ en accord avec le principe de testabilité locale ($\neg A \vee \neg\neg A$). Ce dernier est équivalent dans le cas fini au principe du tiers exclu local ($A \vee \neg A$). Remarquons enfin que non-contradiction ou consistance ne signifie pas vérité pour l'intuitionnisme et que la validité locale du principe du tiers exclu suppose seulement la décidabilité finie. Il est cependant clair que le principe de testabilité locale s'applique aux suites potentiellement infinies d'après les nombreux contre-exemples que donne Brouwer des théorèmes classiques. C'est dans ce dernier contexte que la théorie des assertions négatives trouve sa justification.

1.4. Le programme logiciste

L'héritage kantien de Frege est en partie responsable de l'échec du programme logiciste. La dichotomie entre énoncés (jugements) analytiques et énoncés (jugements) synthétiques *a priori* a été ruineuse. Nonobstant la critique de Quine ou les tentatives récentes de Kripke pour construire des énoncés analytiques *a posteriori*, le dualisme analytique-synthétique qu'on peut faire remonter à la distinction leibnizienne des vérités de raison et vérités de fait prend sa source dans les origines mêmes de la pensée philosophique occidentale, chez les Présocratiques, chez Platon et chez Aristote. Pour Parménide la séparation entre discours vrai et fable, pour Platon la déhiscence du monde des idées par rapport au monde sensible, pour Aristote le chiasme entre le monde supralunaire de la métaphysique (ou de la théologie) et le monde sublunaire de la physique, voilà autant de schèmes représentationnels qui ont dominé la tradition philosophique jusqu'à Frege et Husserl. La césure entre les deux mondes peut aussi se retrouver dans les traditions orientales, mais ce n'est pas d'elles que Frege s'inspire. Quand on voit quelle peine il se donne pour recenser les « opinions » des philosophes – et des psychologues – dans ses *Grundlagen der Arithmetik*, on ne s'étonne pas qu'il ait puisé l'essentiel de son arsenal conceptuel dans la philosophie kantienne. Ce qui ne veut pas dire que l'on trouve chez Kant les idées premières du logicisme. Pour Kant, la logique est transcendantale, c'est-à-dire qu'elle exhibe les conditions *a priori* de l'exercice de la logique et le mathématicien construit des concepts, alors que le philosophe les analyse. On sait le statut ambigu des concepts mathématiques chez Kant: synthétiques oui, mais *a priori* ou *a posteriori*? Le programme logiciste consistera à trancher et à répondre simplement que les concepts mathématiques ne sont pas différents des concepts logiques, ils y sont réductibles – pour Frege les concepts arithmétiques sont « logicisables », chez Russell et Whitehead dans les *Principia Mathematica*, ce seront aussi les concepts de l'algèbre et de l'analyse qui le seront.

Peu importe que les axiomes du choix et de l'infini ne soient pas logiques, ils ne sont pas arithmétiques non plus, comme nous le montrerons. L'enjeu philosophique était trop grand pour qu'il laisse les mathématiciens indifférents. Poincaré a protesté de l'irréductibilité de l'induction ou du raisonnement par récurrence, comme on disait à l'époque, et il avait raison. Hilbert, le premier, a compris que c'est la théorie des preuves qui devait faire l'objet de l'analyse fondationnelle, mais sa métamathématique était trop étroite (nous y reviendrons dans le prochain chapitre). Le problème n'est pas de réduire les concepts en invariants linguistiques, mais bien plutôt de rendre compte des pratiques dans le réseau unifié de toutes les pratiques. C'est pour avoir oublié l'origine de nos concepts dans nos pratiques discursives que Frege et Russell ont voulu chercher un fondement dernier à l'invariabilité de certaines formes linguistiques. L'invariance même est construite comme condition minimale et non pas *a priori* du consensus intersubjectif; ce n'est ni un fait de nature, ni un don de surnature, c'est une construction expérimentale. Tarski, suivi en cela par Quine[8], qui n'a pu se détacher d'Aristote, ne pensera la vérité logique qu'en termes de cette invariance, mais sans en voir l'origine linguistique – il est vrai que Quine est plus près de Carnap qui pense que la logique est affaire de langage. Mais le relativisme de Carnap avait un axe, le langage de la science, de la physique plus précisément. Le physicalisme n'est pas mieux assuré que le logicisme, dans la mesure où l'invariant se situe au niveau de la construction du sensible plutôt que de l'intelligible ou du conceptuel. Là encore, l'analyse critique de la

8. Cf. W.v.O. Quine, *Philosophy of Logic*, [85], 102.

pratique est délaissée au profit d'une théorie philosophique qui n'est pas dépourvue d'intérêt, mais qui ne rend compte que d'une image philosophique d'un savoir figé[9].

Kant pensait que le savoir de la physique s'était fixé dans la théorie de Newton et Frege semble avoir pensé que l'arithmétique se résume à ses opérations élémentaires[10]. Une certaine idée de l'arithmétique et une certaine idée de la physique ont servi de modèles de la pratique, mais l'enquête empirique dont nous parlions au début de ce chapitre s'arrête trop court. Or la critique fondationnelle dans une perspective constructiviste vise non seulement à rendre compte des pratiques, mais tente d'y intervenir pour rectifier le cours du savoir et orienter la recherche.

Si Frege et Russell ont été incapables de suivre la science de leur temps, cela n'explique qu'en partie l'échec du logicisme – comme l'héritage kantien ne l'explique aussi qu'en partie. Les problèmes internes du logicisme, l'inadéquation fondationnelle du schème logiciste, le désintérêt des praticiens sont responsables de la faillite du programme logiciste. Mais un autre programme allait avoir plus de succès, la théorie cantorienne des ensembles.

1.5. La philosophie cantorienne

Frege avait conçu l'idée de fondements géométriques pour les mathématiques ; l'idée assez simple que sur une droite il y a une infinité de points et que par un point passent une infinité de droites lui paraissait fournir un fondement irréductible des mathématiques. Frege se résignait ainsi à considérer le continu comme le donné primitif sur lequel on devait tout construire. René Thom, entre autres, ne répugne pas aujourd'hui aux fondements géométriques dans un sens qui ne serait pas étranger au dernier Frege.

Le point de départ de Cantor, on le sait, est la notion d'ensemble dérivé de points. Son problème, la représentation d'une fonction quelconque par une série trigonométrique, est un héritage riemannien. Cantor démontre l'unicité d'une telle représentation et sa preuve[11] l'amène à la conception d'ensembles de points qui l'intéressent non pas parce que ce sont en réalité des quantités infinitésimales – dont il

---

9. Voir, en particulier, le dernier ouvrage de Carnap *Philosophical Foundations of Physics*, [11].

10. G. Frege, *Die Grundlagen der Arithmetik*, [28].

11. G. Cantor, *Gesammelte Abhandlungen*, [10], 80 et ss. Nous reviendrons sur cette preuve dans le chapitre suivant «La logique mathématique».

récusera l'existence –, mais parce qu'ils constituent de grands ensembles. L'infinitésimal est pour lui le mauvais infini, « die schlechte Unendlichkeit » comme disait Hegel. Le concept de multiplicité (« Mannigfaltigkeit ») infinie était déjà apparu chez Grassmann dans son *Ausdehnungslehre* (Théorie de l'extension), chez Bolzano, et Dedekind développera sa propre théorie des ensembles – qu'il appelle « Systeme » – dans *Was sind und was sollen die Zahlen* (Que sont et que doivent être les nombres). Il est intéressant de suivre la démonstration de Dedekind de l'existence d'un ensemble infini, démonstration toute conceptuelle puisqu'elle repose sur l'application et l'image (« Abbildung » et « Bild ») du système infini de mes pensées dans le système infini du concevable ; le sous-ensemble de mes pensées est un sous-ensemble propre de l'ensemble du concevable et il y a bijection entre les deux ensembles. Quoi que l'on pense[12], il s'agit évidemment d'une preuve d'existence ; n'oublions pas que pour établir l'équivalence fini ≡ fini au sens de Dedekind, il faut déjà disposer de l'axiome du choix par le recours à la notion d'équipotence de deux ensembles arbitraires. On est encore loin de la conception itérative des ensembles à la Zermelo, même si celle-ci engendre d'autres problèmes. Bolzano ne réfléchissait pas autrement dans ses *Paradoxien des Unendlichen*[13]. C'est dire tout le contexte métaphysique, voire théologique de la problématique de l'infini. Cantor ne s'y trompera pas qui fera appel constamment aux conceptions médiévales de l'infini, de Thomas d'Aquin à Nicolas de Cuse. Cantor distingue cinq infinis: le mauvais infini classique noté ∞ qui n'est pas un vrai infini – parce que ce n'est pas un ensemble – ω le premier ordinal infini ou $\aleph_0$ le cardinal correspondant, $2^{\aleph_0}$ le cardinal du continu, Ω la totalité infinie inconsistante de tous les ordinaux ou de façon équivalente ת (taw, dernière lettre de l'alphabet hébreu), la totalité de tous les cardinaux et finalement Dieu, l'alpha et l'omega, l'infini absolument infini, dans les termes de Cantor. Cantor ajoutera que les cardinaux (les ensembles)

12. Voir une analyse de cette preuve «teintée de philosophie» dans P. Dugac, *Richard Dedekind et les fondements des mathématiques*, [20], 89. Frege a plutôt parlé de psychologie. Dedekind, tout en privilégiant l'arithmétique, est un penseur «ensembliste». Voir là-dessus notre ouvrage *Fondements des mathématiques*, [31], et celui de M. Hallett *Cantorian Set Theory and Limitation of Size,* [51]. On peut consulter aussi dans le recueil toujours utile de Jean Cavaillès *Philosophie mathématique*, [12] «Remarques sur la formation de la théorie abstraite des ensembles» 25-176.

13. Une traduction française due à H. Sinaceur doit paraître bientôt chez Christian Bourgois (collection Epistémè).

infinis doivent exister, parce que selon l'expression de Spinoza, l'infinité de la « natura naturans » doit se refléter dans l'infinité de la « natura naturata ». Le principe de réflexion dans la théorie axiomatique des ensembles, d'après lequel l'univers V doit se refléter dans un rang assez élevé – un ordinal inaccessible – de la hiérarchie des ordinaux, ne dira pas autre chose. De même, Gödel avouera qu'il lui aura fallu se placer du côté du transfini pour produire sa preuve de complétude de la logique des prédicats du premier ordre[14] et plus tard sa preuve de la consistance relative de l'hypothèse du continu et de l'axiome du choix (voir chapitre II). Le point de vue « transcendantal » semble donc inévitable. Même un Hilbert pensera qu'il y a des preuves transcendantes qui ne peuvent être constructivisées. Lautmann sera du même avis, alors que Herbrand, au contraire, érigera en principe la réduction élémentaire, c'est-à-dire la possibilité de produire des preuves constructives pour les théorèmes, en théorie des nombres en particulier, qui ne semblent se prêter qu'aux méthodes de preuve transcendantes où l'on utilise les preuves d'existence (avec le tiers exclu et la preuve indirecte) sur des ensembles infinis (fonctions entières, limites infinies, etc.). C'est Herbrand[15] qui, malgré les défauts de sa démonstration, avait vu juste, semble-t-il. La multiplication des preuves élémentaires, c'est-à-dire purement arithmétiques, surtout en théorie des nombres, mais aussi en géométrie algébrique arithmétique[16], depuis les travaux de Selberg, Erdös et autres, porte à croire qu'on peut réduire la transcendance. Il est bien entendu que la réduction utilise souvent toutes sortes de moyens qu'on ne peut considérer comme constructifs, mais les preuves comportent des techniques effectives de réduction d'allure constructiviste. Il est vrai aussi que les théorèmes de finitude sont parfois obtenus à l'aide de détours infinis, mais dans la plupart des cas, on finit par trouver le raccourci ou la voie directe[17] – ce qui ne signifie pas que les preuves soient ici plus courtes ou plus simples, bien au contraire, l'exemple classique étant la preuve élémentaire de Selberg pour le théorème sur la distribution des nombres premiers.

14. Voir S. Feferman et alii, *Collected Works of K.* Gödel, [48]. Voir aussi Hao Wang *From Mathematics to Philosophy*, [102].

15. Voir notre résumé dans le *Journal of Symbolic Logic* (Abstract) «Le constructivisme de Herbrand» JSL, [36].

16. Cf. G. Faltings, G. Wüstholz et al. *Rational Points*, [25].

17. Notons ici que voie directe et voie indirecte (réduction à l'absurde) ne sont pas divergentes dans le cas fini.

La philosophie transcendantale qui préside à l'entreprise cantorienne n'était pas faite pour plaire aux esprits de tendance constructiviste, Kronecker le premier. C'est que tout le 19e siècle mathématique – à l'exception de Riemann peut-être – allait dans le sens contraire, l'arithmétisation de l'analyse, et tout ce que Cantor a conçu est comme une sorte de transarithmétique ou d'arithmétique analytique avec des limites infinies, des procédés de prolongement ou d'extension qui pouvaient avoir leur justification en analyse, mais qui perdent leur bien-fondé quand ils émergent dans une arithmétique généralisée qui semblait n'avoir pas de liens avec la pratique mathématique – à part le problème originel de la représentation d'une fonction par une série trigonométrique. Nous verrons dans la partie III que la théorie des ensembles n'a engendré en réalité que l'hypothèse du continu – qui du point de vue constructiviste est dénuée de sens ou triviale, selon l'expression de Brouwer. Mais la théorie des ensembles a créé le paradis de la logique et lui a donné ses instruments les plus féconds avec la méthode diagonale de Cantor, les ensembles infinis, la hiérarchie des ordinaux, l'induction transfinie, etc. Mais c'est un paradis et à l'opposé de ce que pensait Hilbert, nous en avons été expulsés et nous devons nous contenter des nourritures terrestres.

1.6. De l'arithmétisation de l'analyse à l'arithmétisation de la logique

On peut penser que l'arithmétisation de l'analyse au 19e siècle procède d'une volonté de rigueur apparue avec la création des académies et l'universalisation des échanges scientifiques [18]. Mais il est indéniable que des mathématiciens comme Lagrange, Cauchy, Weierstrass à des degrés divers désirent dégager l'analyse de sa gangue infinitésimale et produire un calcul qui soit en quelque sorte finitaire, qui ne fasse pas appel à des entités purement idéales. Déjà Gauss pensait que l'infini actuel n'avait pas sa place en mathématiques [19] et Lagrange veut faire la vraie métaphysique du calcul sans faire

18. C'est du moins ce que défend une école française en histoire des mathématiques.

19. Il écrit dans sa lettre à Schumacher du 12 juillet 1831 «Das Unendliche ist nur eine *Façon de parler*». Leibniz ne pensait pas autrement de ses «infinitésimaux», ce que Berkeley appelait de sa part «ghosts of departed quantities».

intervenir les quantités évanouissantes[20]. Cauchy croyait, pour sa part, que seul Dieu était infini.

L'introduction des notions de suite et de limite ne signifie pas pour autant la constructivisation de l'analyse. Le théorème de Bolzano-Weierstrass par exemple: « Tout ensemble borné infini a au moins un point d'accumulation » est un théorème d'existence et il faut le « réduire » pour en extraire une version constructive. D'autre part, la création des nombres complexes, justifiée chez Gauss par leur représentation géométrique, acquerra sa légitimité dans le texte de Hankel *Theorie der complexen Zahlensysteme* (1867)[21].

C'est cette même liberté créatrice qu'invoquera Cantor pour sa théorie des ensembles transfinis[22]. Des motifs purement mathématiques – le théorème fondamental de l'arithmétique dans le corps des nombres complexes – pousseront Kummer à créer sa théorie des nombres idéaux qui deviendront les « idéaux » de Dedekind. Vint Hilbert.

Hilbert empruntera la voie « idéale »[23] pour ensuite tenter de la « réduire » à un chemin fini. Remarquons que c'est là une démarche très pratiquée en mathématique; le passage par le transcendant étant plus facile, on atteint la clairière d'abord par un saut, c'est le théorème d'existence, puis on déblaye pour se faire un chemin dans la forêt, « Holzweg », c'est la preuve constructive. Hilbert n'a pas procédé autrement dans ses célèbres travaux sur les invariants algébriques (théorie des formes)[24]. Hilbert montre que dans tout système infini de formes (polynômes), il n'existe qu'un nombre fini d'invariants algébriques qui engendrent toutes les formes possibles. C'est un théorème de finitude, mais il est obtenu par un théorème d'existence, que Gordan qualifiera d'argument théologique. Emmy Nœther donnera après coup une preuve effective qui génère constructivement les invariants. Hermann Weyl reprendra là où Hilbert avait fait son saut: sa preuve sur les représentations irréductibles des groupes semi-simples continus est aussi un théorème d'existence qu'on sait

20. Cf. J.L. Lagrange *Théorie des fonctions analytiques*, [71]. Le titre complet est «Théorie des fonctions analytiques contenant les principes du calcul différentiel dégagés de toute considération d'infiniment petits, d'évanouissans, de limites et de fluxions et réduits à l'analyse algébrique des quantités finies».

21. Cf. H. Hankel, *Theorie der complexen Zahlensysteme*, [52].

22. Cf. G. Cantor, *Gesammelte Abhandlungen*, [10], p. 182.

23. Cf. D. Hilbert «Ueber das Unendliche» *Mathematische Annalen*, [56], p. 161-190.

24. Voir D. Hilbert *Gesammelte Abhandlungen*, [57], vol. II, p. 199-257.

construire aujourd'hui (nous reviendrons sur la position fondationnelle de Weyl dans la partie III).

Hilbert est le père de la logique moderne: il a créé la théorie des démonstrations ou métamathématique et il est aussi à l'origine de la théorie des modèles. En effet, il utilise, pour la première fois de façon systématique, la notion de modèle dans sa preuve de l'indépendance du cinquième postulat de la géométrie euclidienne. Mais Hilbert n'utilisait ses modèles ou interprétations que pour vérifier des axiomes et non pour créer des théorèmes de plein droit comme on le fera plus tard dans la théorie ensembliste des modèles. Quoi qu'il en soit, c'est la théorie des démonstrations qui nous intéresse de prime abord et il convient de se demander si le programme – finitiste – de Hilbert a vraiment échoué. Le sentiment populaire est que les théorèmes d'incomplétude de Gödel portaient un dur coup à la combinatoire finie et qu'il faut à tout le moins enrichir les procédés combinatoires de fonctionnelles (fonctions de fonctions), comme le fera Gödel dans son interprétation *Dialectica*[25]. Certains, dont Kreisel et Nelson[26], pensent que le programme de Hilbert est récupérable, en tout cas partiellement.

Le programme d'une preuve de consistance finitaire de l'analyse classique était mal conçu, peut-on dire. En effet, comment rendre compte constructivement, à plus forte raison finitairement, de procédures analytiques qui, par définition, transcendent les moyens effectifs ? Ce que n'a pas vu clairement Hilbert, ni aucun de ses contemporains, c'est qu'il faut d'abord « réduire » les preuves transcendantes comme la pratique mathématique l'a montré depuis, avant de songer à produire une preuve de consistance. Ou mieux, que la preuve de consistance est justement effectuée par cette réduction – nous employons le terme ici dans un sens général et non dans le sens d'une théorie mathématique particulière. Les preuves élémentaires, arithmétiques ou effectives ont ce caractère de certitude (« Sicherheit ») que réclamait Hilbert et la certification (« Sicherung ») vient du seul fait de la vérifiabilité effective de telles preuves. Les preuves

25. Cf. Gödel «Ueber eine bis jetzt noch nicht benützte Erweiterung des finiten Standpunktes», [47]. Une traduction française de cet article ainsi que de nombreux autres, dont celui de Kreisel «Hilbert's programme», est disponible dans le recueil de Jean Largeault, *Intuitionnisme et théorie de la démonstration*, Paris, collection Mathesis, Vrin, 1991.

26. Cf. G. Kreisel «Hilbert's programme», [62]. Voir aussi E. Nelson *Predicative Arithmetic*, [77].

élémentaires permettent en général d'obtenir des limites effectives des approximations ou des évaluations numériques là où on n'avait, si l'on peut s'exprimer ici, qu'un sentiment d'existence, c'est-à-dire une preuve de l'existence d'un objet sans propriétés directement accessibles. La pratique mathématique, que ce soit en géométrie algébrique ou en théorie des groupes, plus spécifiquement la théorie de la classification des groupes finis, regorge de techniques extrêmement diverses, mais les méthodes de preuve effectives y jouent un rôle prépondérant. Même dans la théorie des nombres transcendants[27], ces méthodes sont au cœur des recherches.

La consistance est par conséquent une question empirique, qui relève de la vérification. C'est cette façon de faire que Hilbert a utilisée pour sa preuve d'indépendance ou de consistance relative. Mais la consistance n'a pas besoin du détour des modèles (interprétations). Notre hypothèse est que la consistance est toujours opérable syntaxiquement et qu'elle l'est localement. Autrement dit, il s'agit d'une *compacité* itérative ou syntaxique et la décidabilité s'ensuit immédiatement; la distinction entre axiomes et théorèmes n'est pas requise, les axiomes étant considérés comme les énoncés fondamentaux de la théorie constituée par l'ensemble de ses théorèmes. La complétude, ou la saturation comme on disait à une certaine époque, est aussi directement accessible pour une théorie finie. La complétude classique, étant un idéal ensembliste, est hors de portée et ne correspond à aucune réalité arithmétique – il n'est pas étonnant alors que le système formel de l'arithmétique soit incomplet. Nous pouvons réintroduire la notion de système formel en déterminant les énoncés fondamentaux desquels on dérivera les théorèmes par une seule règle d'inférence appelée réduction et qui consiste essentiellement à réduire la relation d'implication – qui sera toujours locale – obtenue inductivement comme dans le cas classique du *Modus Ponens*

$$\begin{array}{c} P \to Q \\ \underline{P} \\ Q \end{array}$$

27. Cf. A. Baker, *Transcendental Number Theory*, [3]. Cela ne signifie pas que la théorie est d'esprit constructiviste. L'existence même des nombres transcendants est postulée par la preuve d'existence de Lindemann et le «monstre» de Griess, le groupe fini sporadique F1, est né aussi d'une preuve d'existence comme sa relation «familiale» (numérologique) avec les fonctions modulaires.

Les deux procès fondamentaux sont ceux d'induction et de réduction, au premier chef induction et réduction *arithmétiques*. Nous supposons que ce sont là les démarches les plus élémentaires de la logique (arithmétique) et qu'elles sont empiriquement définissables. Bourbaki pensait aussi que la consistance était une question empirique et qu'il était vain de chercher une preuve globale de la consistance de l'analyse. D'autre part, les logiciens ont tenté de réduire l'analyse classique en sous-systèmes dont on pourrait plus facilement démontrer la consistance. Là aussi, la recherche est empirique puisqu'il s'agit d'approximer avec des moyens de preuve réduits. En théorie des nombres, la vérification est obtenue par des preuves effectives, ou encore en théorie quantique des champs ou en théorie physique en général, on obtient une preuve de consistance en renormalisant, c'est-à-dire en réduisant les infinités ou les divergences, bien que le procédé ne soit pas effectif ici ; de même faudrait-il penser qu'en logique, il faut réduire et non pas enrichir ou saturer comme la théorie des modèles l'a fait depuis sa création. La sémantique ensembliste apparaît en effet comme une démarche transcendante qui puise ses concepts et ses méthodes dans un plérome d'idéalités qui n'a rien à envier aux paradis surpeuplés de la philosophie médiévale.

Arithmétiser la logique signifie la réduire à ses structures syntaxiques sans les plonger dans un univers sémantique, dont Skolem a déjà, pour un, dénoncé le caractère indéterminé, limbes plus que paradis. Les structures syntaxiques de la logique sont arithmétisables[28]. Nous supposerons que non seulement la logique est arithmétisable, qu'elle est essentiellement représentable arithmétiquement, mais davantage que la logique est d'essence arithmétique, qu'elle est dérivable de l'arithmétique ou qu'elle y est réductible. La dualité logique-arithmétique rappelle la polarité géométrie-arithmétique qui n'a été que partiellement effacée par la création de la géométrie analytique (ou synthétique), de Descartes et Fermat. Mais la géométrie elle-même n'est qu'une représentation, certes fondamentale, des relations arithmétiques. Nous ne dirons pas que compter précède la vue ou la parole, mais les opérations arithmétiques sont la représentation la plus exacte des actions et des opérations verbales ou autres des

28. Mais pas au sens de Chomsky qui a utilisé la notion ensembliste de récursivité pour montrer que les structures syntaxiques d'une langue naturelle constituaient un ensemble non récursif. C'est prendre le problème à l'envers. Nous supposerons que les langues naturelles sont constructibles au sens fort, à l'encontre de Chomsky.

agents linguistiques – la géométrie n'étant que l'espace de jeu de ces mêmes actions ou opérations, sorte de toile de fond à la limite indéterminée et qui ne trouve ses déterminations que par les relations ou les rapports qui y sont tracés. L'arithmétique est essentiellement relationnelle, c'est la théorie des relations logiques et autres, comme Euclide l'avait bien vu.

L'insistance sur l'effectivité ou le calculable ne fait pas de la logique arithmétique une logique algorithmique ou un calcul. L'informatique, même théorique, ne peut être considérée que comme un sous-système ou une théorie dérivée de la logique arithmétique. Si les applications à l'informatique théorique ne nous intéressent pas de prime abord, il n'est pas interdit de penser que la théorie de la réduction, de la négation et de l'implication locales que nous élaborons plus loin puisse donner lieu à des résultats originaux dans la théorie de la computation[29]. Mais notre but est avant tout théorique et c'est la logique « abstraite » qui est l'objet principal du présent travail. Retrouver l'idéal pythagoricien « *ἄνθρωπος ἀει ἀριθμήθιζει* » tout en récupérant l'irrationnel qui n'est que le négatif ou l'autre versant du rationnel, c'est-à-dire du nombre. La voie tracée par Kronecker est exemplaire ici : dans ses travaux sur la théorie arithmétique des grandeurs algébriques, il montre comment l'irrationnel (i.e. les nombres irrationnels) peut faire l'objet d'un calcul en l'adjoignant comme indéterminé (« Unbestimmte ») à une arithmétique finie; les variables indéterminées n'ont alors que l'existence factice de fictions utiles ou d'éléments idéaux auxquels l'arithméticien n'a pas besoin de donner la justification métaphysique qu'un Cantor a réclamée pour ses nombres transfinis, artificiels eux aussi. Hilbert, pourtant profondément marqué par la pratique mathématique de Kronecker, ne suivra pas toujours la voie de la logique interne de l'arithmétique qui est en même temps une logique arithmétique.

29. On notera la convergence de la logique arithmétique et de la logique que Girard appelle maintenant linéaire et dont le dessein est informatique. La logique arithmétique que nous proposons est de nature polynomiale et l'interprétation de l'implication comme exponentiation et produit de Cauchy montre, en particulier, comment un tel programme est réalisable.

II
LA LOGIQUE MATHÉMATIQUE

2.0. Mathématiques

Le débat philosophique fondationnel est lié au problème du sens des énoncés logiques et mathématiques, et plus philosophiquement encore, à une théorie du sens, si l'on veut suivre la pensée de Dummett entre autres. Mais la philosophie du langage dans la tradition wittgensteinienne du sens comme usage, nous dirions, comme pratique, se réduirait au scepticisme s'il fallait comprendre que la pratique rend compte à elle seule du sens qu'elle acquiert dans la pratique même. La théorie du sens doit donc déborder les pratiques pour en donner le sens dans un régime conceptuel qui analyse critiquement les diverses pratiques sur fond d'une *pratique générale* que nous devons bien appeler philosophique. Cette pratique générale ne se résume pas cependant aux débats philosophiques traditionnels entre réalisme, nominalisme, formalisme, constructivisme et autres options fondationnelles qui s'appuient toutes, pour une bonne part, sur des thèses philosophiques du passé et souvent dépassées. La question est plutôt de savoir s'il n'est pas possible de concevoir un schème fondationnel neuf qui sans négliger les apports de la tradition soit plus près de la pratique mathématique et logique et qui en même temps fournisse des critères d'appréciation, d'évaluation ou à tout le moins de classification des diverses pratiques. Il faut pouvoir montrer les aires de validité ou de légitimité relatives des diverses pratiques dans une théorie qui évite à la fois le dogmatisme et le relativisme absolu, le système et l'anarchie. L'unité des pratiques est idéale, c'est-à-dire qu'elle doit être conçue comme procès d'unification jamais achevé, comme approximation et jamais comme l'image d'un ordre universel qui serait découvert petit à petit par les pratiques et qui émergerait à la fin d'on ne sait quelle progression du savoir comme la figure totale de ce qui est, la nature cachée d'un cosmos mathématique, la vérité d'un réel enfin déchiffré. Les mathématiques sont le produit social d'agents linguistiques intersubjectifs et l'histoire des mathématiques, plutôt que la lecture patiente du livre de la nature, comme le pensait Galilée, est le récit d'une pratique, parfois sinueuse, de la construction aléatoire d'un savoir qui vaut plus par sa richesse interne, par l'interaction avec le reste du savoir et la communication scientifique de ses pratiquants que par la somme de ses conquêtes d'un territoire qui serait la réalité mathématique en elle-même. L'interaction des mathématiques avec le reste du savoir signifie en premier lieu l'application des mathématiques à la physique et aux autres pratiques scientifiques, ou mieux la confluence des mathématiques et de la science (en général, mais d'abord de la physique); le thème d'application, au sens qu'on lui donne d'habitude, ne convient pas en effet aux rapports qu'ont entretenus les mathématiques et la physique depuis les Grecs et avant eux, parce qu'il y a eu influence réciproque, motivations communes, constructions gemellaires et il est trop simple de voir la physique – et les autres disciplines scientifiques – sous la tutelle des mathématiques. La singularité de la pratique physicienne ne se laisse pas ramener aux mathématiques appliquées et une analyse plus fine est requise qui fasse apparaître la convergence du travail du mathématicien et de celui du physicien [1].

2.1. Mathématiques classiques et mathématiques constructives

La pratique n'est pas sa propre justification. Quand il ne s'agirait que de définir la place et la fonction d'une pratique au sein de l'ensemble de toutes les pratiques – c'est la tâche d'une théorie générale ou philosophique – il faudrait faire appel à un schème fondationnel, c'est-à-dire des fondements plutôt qu'un fondement ou une fondation [2]. Les mathématiques classiques ont été et sont toujours la pratique mathématique la plus courante : il faut rendre compte fondationnellement de cette pratique. La sociologie de la science, la psychologie ou l'histoire peuvent apporter des réponses partielles qui

1. Je veux consacrer un prochain ouvrage à cette question sous le titre *La logique interne des théories physiques*.

2. Je me suis expliqué ailleurs sur ce pluriel qui n'a rien à voir avec la recherche d'un fondement absolu ou métaphysique. Voir mes *Fondements des mathématiques*, [31], Introduction.

ne nous intéressent pas ici. On peut caractériser les mathématiques classiques dans un premier temps et en s'inspirant de Bourbaki, comme structuralistes, c'est-à-dire comme une pratique mathématique qui cherche à élaborer des structures (objets, thèmes, théories) déjà existantes ou à en produire de nouvelles en les considérant dans leur forme achevée en tant que *produits finis*.

Le constructivisme de son côté considère les structures mathématiques comme des objets en formation et il s'intéresse au processus de génération ou d'engendrement des concepts, à leur genèse effective, dans la pratique mathématicienne plutôt qu'à leur statut « civil » théorique ; en d'autres mots, la légitimité d'un concept dans les mathématiques structuralistes lui vient de son utilité ou de sa fécondité dans la pratique, alors que dans les mathématiques constructivistes, un concept doit produire un acte de naissance transparent.

Les praticiens classiques concèdent volontiers qu'une preuve constructive (ou élémentaire) contient plus d'information qu'une preuve qui ne l'est pas, mais ils contestent qu'elle soit toujours possible. Par ailleurs, le constructiviste, s'il récuse certaines méthodes de preuve classiques admettra que les théorèmes classiques sont, dans la plupart des cas, constructivisables – ces théorèmes ont un noyau fissible – et que le « saut transcendantal » est souvent bien fondé ; des théorèmes d'existence ont des versions constructives (plus faibles) e.g. le théorème de Heine-Borel; le théorème fondamental de l'algèbre[3], etc... ou encore ils sont directement constructivisables (e.g. le théorème sur les nombres premiers, le théorème de finitude de Hilbert). C'est donc dire qu'une pratique ne contredit pas l'autre, mais que les deux sont (souvent) complémentaires. Il ne suffit pourtant pas de dire que les deux pratiques sont réconciliables, que la charité ou du moins la tolérance invite à la compréhension mutuelle, voire à la

3. Le théorème fondamental de l'algèbre énonce que tout polynôme non constant P(z) a au moins une solution dans les nombres complexes: c'est le premier véritable théorème d'existence (dû à Gauss). Une version constructive est due à Kneser. Le « Nullstellensatz » de Hilbert sur le nombre fini d'invariants (polynômes homogènes) dans toute structure (forme) algébrique est de même nature (ici c'est Emmy Noether qui s'est donné la peine de constructiviser les résultats). Le théorème de Heine-Borel établit, en langage contemporain, l'équivalence de deux notions: 1° compact et 2° fermé et borné: un ensemble X dans l'intervalle réel [0,1] est fermé si tout point limite X est un point de X et il est borné s'il a une borne supérieure et une borne inférieure ; un ensemble est compact, ssi tout recouvrement ouvert admet un recouvrement fini, c'est-à-dire, si pour une famille A d'ouverts X, tout élément de X appartient à un élément quelconque de A et de même pour une sous-famille finie de A.

cohabitation. Il y a plus : l'analyse classique, il faut s'en souvenir, a été «réduite» par l'arithmétisation (weierstrassienne) à une théorie qui est en principe constructivisable, ce n'est pas la cas pour la théorie des ensembles et la logique mathématique qui en est issue, la sémantique ensembliste. Ici, il faut non plus «réduire», mais couper; en tout cas, marquer nettement la séparation entre arithmétique et transarithmétique – c'est de ce nom que nous baptisons la théorie des ensembles cantorienne – et évaluer ce que nous pouvons savoir et comment nous le savons.

2.2. Arithmétique non standard et théorie des ensembles

L'arithmétique a connu des développements logiques qui n'ont pas plus beaucoup à voir avec la théorie des nombres. Seule l'arithmétique p–adique (pour les nombres premiers) demeure purement arithmétique. L'arithmétique non archimédienne – où l'on n'a plus l'axiome archimédien

$$\forall a \forall b \exists n (a < b \rightarrow na > b)$$

a donné naissance à l'analyse non standard[4] et ses rejetons sont ensemblistes (l'arithmétique et l'analyse non standard sont issues de la théorie des modèles). L'arithmétique de Peano est le système de base, appelé ici S_2.

$$S_2 = \langle \mathbb{N}, O, S, =, +, \cdot \rangle$$

pour ℕ l'ensemble des nombres naturels, O, la fonction de successeur, l'identité, l'addition et la multiplication (et on pourrait ajouter l'exponentiation). A part les axiomes familiers, on a l'axiome d'induction

$$\forall x_1 ... \forall x_n [(A(O) \wedge \forall x (A(x) \supset A(Sx))) \supset \forall x A(x)]$$

pour toute formule A(x) ayant les variables x, x_1, ..., x_n. Mais cet axiome, dans toute sa généralité, est un axiome du second ordre qu'on peut écrire

$$\forall X [(X(O) \wedge \forall x X(x) \supset X(Sx)) \supset \forall x X(x)]$$

pour X une propriété. Seule la théorie du second ordre a un modèle absolu[5], c'est-à-dire canonique, et est donc catégorique. La théorie du premier ordre a un modèle standard et des modèles non standard –

---

4. Voir C. Smorynski «Lectures on Nonstandard Models of Arithmetic», [95], 1-70.

5. Cf. Y.G. Kreisel et J.L. Krivine *Elements of Mathematical Logic*, [66], 43. Cf. texte original français *Eléments de logique mathématique* [63].

évidemment, la théorie du second ordre a des modèles non absolus ou non principaux. A. Robinson tirera de cette théorie des modèles non standard une analyse non standard où les infinitésimaux retrouveront une certaine légitimité. La situation est comparable – parce qu'elle en est en fait dérivée – à ce qui se passe en théorie axiomatique des ensembles où l'on a des schémas d'axiomes pour les axiomes du second ordre, surtout l'axiome de compréhension

$$\forall a\, \forall X\, \exists x\, \forall y\, [\, y \in x \leftrightarrow y \in a \wedge X(y)\,]$$

où X représente la propriété de sous-ensemble (arbitraire). On désigne cet axiome par Π^1_1 comp. pour marquer son appartenance à la hiérarchie arithmétique.

Que cette arithmétique non standard soit immergée dans la théorie des ensembles via la théorie des modèles – de part en part ensembliste, comme on le verra plus loin – les diverses preuves de consistance, de Gentzen à Gödel, en témoignent abondamment. Il faut remarquer toutefois que l'analyse non standard contemporaine a une autre source ou une autre motivation, l'intuitionnisme de Brouwer, et l'école de Strasbourg, sous l'impulsion de G. Reeb, s'en est fait le vibrant porte-parole.

Gentzen[6] a démontré la consistance de l'arithmétique en utilisant l'induction transfinie jusqu'à ε_0; ε_0 est l'ordinal de la deuxième classe de nombres de Cantor. Gödel dans son interprétation fonctionnelle *Dialectica*, qui fournit aussi une preuve de la non-contradiction de l'arithmétique utilisera la quantification sur tous les types finis, donc ω, le premier ordinal non fini. Remarquons que Ackermann[7] dans sa propre preuve fera appel à des fonctions récursives d'ordre supérieur, qu'il appellera fonctionnelles récursives. Gentzen, Ackermann et Gödel insisteront sur le caractère finitaire de leur preuve dans un esprit tout hilbertien[8]; Gentzen parle d'une traversée potentielle de

6. Cf. G. Gentzen *Collected Papers*, [43], 132-214.

7. Voir W. Ackerman « Zur Widerspruchsfreiheit der reinen Zahlentheorie », [1].

8. Voir G. Kreisel « On the Interpretation of non-finitist proofs » Part I, *The Journal of Symbolic Logic*, [61]. Kreisel réinterprète la preuve de Ackerman à l'aide de l'interprétation « sans contre-exemple » inspirée de Herbrand. Rappelons que le théorème de Herbrand énonce que dans une théorie T sans axiomes propres, une formule close (un énoncé) A en forme prénexe est un théorème si la disjonction de ses instances est une tautologie. L'interprétation sans contre-exemple de Kreisel consiste à remplacer les disjonctions par des fonctionnelles qui donneraient un contre-exemple (numérique), si la formule était fausse. La méthode est évidemment constructive.

l'infini et Gödel se place du point de vue fini – même s'il avouera plus tard qu'il lui a fallu le transcender. Ces preuves sont non finitaires, elles recourent à des concepts et des méthodes ensemblistes et pourtant l'idéal finitiste est toujours présent [9].

Même la preuve d'incomplétude de Gödel est issue de la problématique ensembliste, puisqu'elle y est intimement liée, comme le reconnaît Gödel, par le paradoxe de Richard et par la méthode diagonale.

Les grandes lignes de la preuve d'incomplétude sont bien connues. Une fois défini le système formel de l'arithmétique, on montre que les fonctions récursives primitives (successeur, constante, identité, substitution, récursion) sont représentables dans le système formel. Puis on arithmétise la syntaxe (le système formel S_2) en assignant des nombres de Gödel aux symboles et suites de symboles de S_2; l'arithmétisation est elle-même récursive (primitive), puisqu'elle n'est que l'application du théorème fondamental de l'arithmétique : tout entier est représentable de façon unique par un produit de facteurs premiers. L'arithmétisation montre donc que toutes les fonctions représentables sont récursives, en particulier les fonctions représentables qui correspondent aux suites de nombres de Gödel pour les preuves dans S_2; il suffit maintenant de produire par diagonalisation un énoncé

$$\forall s \, \exists t \, \neg P(s, t)$$

qui exprime sa propre indémontrabilité.

L'énoncé de Gödel apparaît cependant un peu artificiel dans la mesure où il est fabriqué à partir de la syntaxe arithmétique du système formel; c'est un énoncé purement logique, indécidable dans l'arithmétique de Peano. Or, Paris et Harrington [10] ont produit un énoncé mathématique, un énoncé combinatoire qui n'est pas prouvable

9. Cet idéal est partagé par les logiciens contemporains. En France, nous avons les deux exemples diamétralement opposés de J.Y. Girard (théorie des démonstrations, Π^1_2 ou logique β, c'est-à-dire du second ordre « plein ») et B. Poizat (théorie des modèles ou de la stabilité) qui pourtant se réclament tous deux d'un finitisme relatif. Cf. B. Poizat *Cours de théorie des modèles*, [82] et J.Y. Girard, entre autres textes, « The ω-Rule », [45]. Bien entendu, les méthodes de l'un et de l'autre ne sont pas finitaires et il n'y a là que des vœux pieux, malgré la richesse et la profondeur de leurs recherches respectives. La logique prédicative (ou arithmétique) est une tentative pour dire explicitement ce que signifie fini.

10. Cf. J. Paris et L. Harrington « An Incompleteness Result in Peano Arithmetic », [79].

dans S_2. Comme on dit, c'est un énoncé plus « naturel » que celui de Gödel. Depuis, de nombreux énoncés indécidables ont été formulés qui utilisent la récursion transfinie (jusqu'à et à partir de ε_0) et l'induction limitée à l'arithmétique du premier ordre [11].

La transarithmétique cantorienne est le contexte, le cadre général de tous les résultats logiques depuis Gödel (et depuis Frege, comme on l'a vu). On sait que l'axiome de compréhension de Frege

$$\exists y\ \forall x\ (x \in y \leftrightarrow P(x))$$

avait pour but de formaliser la théorie des ensembles de Cantor; le paradoxe de Russell qu'on obtient en définissant $P = x \notin x$ et en substituant y à x

$$y \in y \leftrightarrow y \notin y$$

est à l'origine de la théorie des types qui tente d'offrir une solution au paradoxe. La hiérarchie cumulative ou itérative des rangs qu'on définit à la suite de Zermelo par

$$V_0 = \phi$$

$$V_\alpha = \cup V_{\beta < \alpha}$$

$$V_{\alpha+1} = V_\alpha \cup P(V_\alpha) \text{ pour tout ordinal}$$

et $$V_\alpha = \cup_{\beta < \alpha} V_\beta$$

pour α ordinal-limite est la matrice de la théorie axiomatique des ensembles (Z-F pour Zermelo-Fraenkel). Les résultats de Gödel sur la consistance relative de l'hypothèse du continu (et l'axiome du choix) – le modèle constructible – et de Cohen sur l'indépendance, c'est-à-dire la consistance relative de la négation des deux axiomes – « forcing » dans le modèle générique – ont là leur lieu d'application, tout comme l'important théorème de Solovay sur le modèle de Z-F dans lequel « tous les ensembles sont mesurables au sens de Lebesgue » [12] (avec un axiome de détermination plus fort que l'axiome du choix).

Notons qu'avec ses seuils aux ordinaux-limites, la hiérarchie transfinie de Cantor

---

11. Les résultats, dus surtout à Friedman, portent sur les arbres finis en théorie des graphes. Ils sont rapportés par G. Simpson dans « Nichtbeweisbarkeit von gewissen kombinatorischen Eigenschaften von endlicher Baüme », [93].

12. Pour ces résultats, nous renvoyons le lecteur à nos *Fondements des mathématiques*, [31] chap. I. On pourrait ajouter ici l'axiome de Martin sur les antichaînes (impliqué par l'hypothèse du continu) ou le principe du diamant ◊ de Jensen sur les ensembles stationnaires (qui implique l'hypothèse du continu, mais est impliqué par l'axiome de constructibilité V = L).

$$\omega = \lim \langle 0, 1, 2..., n \rangle$$
$$\omega \cdot 2 = \lim \langle \omega + n \rangle$$
$$\omega^2 = \lim \langle \omega \cdot n \rangle$$
$$\omega^\omega = \lim \langle \omega^n \rangle$$
$$\omega^{\omega^\omega} = \lim \langle \omega^{\omega^n} \rangle$$
$$\varepsilon_0 = \lim \langle \omega^{\omega^{\dots^\omega}} \} ^n \rangle$$

réintroduit d'une certaine façon des concepts d'avant l'arithmétisation de Cauchy-Weierstrass, puisqu'on peut loger beaucoup de choses, comme les infinitésimaux, les points génériques, etc. dans l'intervalle de deux ordinaux transfinis ou l'anti-chambre d'un ordinal-limite qui n'a pas de prédécesseur immédiat. La hiérarchie cumulative des ordinaux engendrée par l'itération des opérations d'union et d'ensemble des parties abrite en plus des cardinaux inaccessibles par ces deux opérations.

On le voit, la structure est ouverte, à tel point qu'avec les résultats de Gödel et Cohen, on peut parler de théorie des ensembles non cantorienne, univers parallèles où on peut accueillir ou répudier l'hypothèse du continu – e.g. l'assertion que $2^{\aleph_0} = \aleph_1$ ou pour l'hypothèse généralisée $\forall\sigma(2^{\aleph_\sigma} = \aleph_{\sigma+1})$.

2.3. La sémantique ensembliste

Les résultats de la logique mathématique depuis Gödel sont surtout des résultats «négatifs» d'indécidabilité et d'indépendance. La raison n'est pas uniquement que les contraintes du problème de la décision sont trop grandes pour la majorité des systèmes formels, le plus récent étant le résultat de Matijasevič, l'insolubilité du problème (posé par Hilbert encore) de la décision pour les équations diophantiennes – remarquons que le résultat de Matijasevič relève de la théorie ensembliste de la récursion et n'a pas d'impact sur le traitement (constructif, chez A. Baker, par exemple) des équations diophantiennes particulières; c'est aussi le caractère relatif ou l'indétermination de la sémantique ensembliste. Skolem, on l'a dit, a été un des premiers à le reconnaître. Si l'idée même de système formel dans l'esprit de Hilbert suppose une théorie finitaire – la métamathématique – où les seuls moyens de preuve doivent être de nature combinatoire, les objets idéaux, qui ne devraient constituer qu'un détour pour Hilbert, ne tardent pas à tomber du ciel (paradis) cantorien. Même la preuve de complétude de Gödel incorpore la notion d'une totalité infinie donnée, un ensemble de cardinalité $\aleph_0$. Consistance, problème de la décision, complétude, toutes ces propriétés réclamaient une approche finitaire, aux yeux de Hilbert, mieux, elles étaient l'expression même d'une métamathématique où l'« Uebersehbare », le visualisable, le contrôlable étaient les attributs essentiels de la preuve.

Le concept sémantique de satisfaction est central dans le théorème de complétude. Tarski en a donné une définition récursive pour les suites dénombrables dans une structure; la définition moderne de structure est simple. Il suffit pour le langage L d'une théorie (du premier ordre) de définir

1) un ensemble non vide noté $|A|$ appelé l'univers de la structure A (les éléments de $|A|$ sont appelés les membres ou les individus de A)
2) des fonctions $f_A : |A| \rightarrow |A|$ qui correspondent aux symboles de fonctions de L (T) Les constantes de L (T) sont représentés ici par des membres e_A de $|A|$
3) des prédicats p_A dans $|A|$, sauf l'égalité pour les théories sans égalité, qui représentent les symboles de prédicats de L (T).

Dans la pratique, on ne fait pas la distinction entre une structure A et son univers $|A|$. Une structure devient un modèle si tous les axiomes propres (en plus des axiomes logiques) de la théorie y sont vrais (ou valides). Une formule est vraie, si et seulement si toute suite dans Σ, l'ensemble de toutes les suites dénombrables de A, satisfait A et une formule sera logiquement vraie, ssi elle est vraie dans toute structure de L (T) – une suite est donc composée des éléments de A qui représentent les termes de L (T). Un modèle est la donnée d'un triplet $M = \langle U_m, f_m, p_m \rangle$. Une théorie du premier ordre a (au moins) un modèle de cardinalité $\aleph_0$, une théorie du second ordre, par définition, aura un modèle de cardinalité $2^{\aleph_0}$, puisque l'on quantifie sur tous les sous-ensembles ou suites de suites d'une théorie du premier ordre – des théories partielles du 1er et 2e ordre (sans $\aleph_0$ et $2^{\aleph_0}$) sont possibles, mais ne nous intéressent pas ici. C'est dans ce contexte que l'on formule les résultats (métalogiques) de complétude, (validité $\leftrightarrow$ prouvabilité ou $\vDash \leftrightarrow \vdash$), de compacité et de Löwenheim-Skolem [13].

Le théorème de Lindström [14] établit que la logique du premier ordre est la seule théorie qui a la capacité d'exprimer le théorème de Löwenheim-Skolem et le théorème de compacité en plus du théorème de complétude; le théorème de compacité énonce que « si tout sous-

13. Pour ces résultats, voir nos *Méthodes et Concepts de la logique formelle*, [34], chap III.

14. Cf. Lindström « On Extensions of Elementary Logic », [73].

ensemble fini de l'ensemble des axiomes propres d'une théorie du premier ordre T a un modèle, alors T a un modèle» et le théorème de Löwenheim-Skolem ajoute qu'une théorie du premier ordre qui a un modèle en a un dénombrable. C'est la version «ascendante» du théorème de Löwenheim-Skolem due à Tarski qui allait servir le mieux les besoins de la sémantique ensembliste : «Si une théorie du premier ordre a un modèle dénombrable, alors elle a un modèle de cardinalité infinie arbitraire». Ici le paradoxe de Skolem illustre bien la relativité des notions ensemblistes. On peut se demander en effet comment il est possible de parler de cardinalité $> \aleph_0$ dans une théorie du premier ordre précisément définie par sa cardinalité $\aleph_0$. Par le théorème de Cantor, on sait que le cardinal d'un ensemble est plus petit que le cardinal de l'ensemble de ses parties, donc $\aleph_0 < 2^{\aleph_0}$ et il n'y a donc pas de bijection entre l'ensemble des nombres naturels ω et $P(\omega)$ dans le modèle de la théorie du premier ordre. En fait, à l'intérieur du modèle, $P(\omega)$ et ω sont en bijection, autrement dit $P(\omega) = \aleph_0$ mais cette bijection est externe, elle n'est pas un objet du modèle; elle est imposée de l'extérieur, c'est-à-dire de la théorie des ensembles. Cette ambiguïté, cette relativité ou ce va-et-vient de l'intérieur à l'extérieur sera l'une des techniques les plus fécondes de la théorie des modèles et la notion même de modèle intérieur (minimal) est essentielle pour les résultats de Gödel et Cohen sur l'indépendance de l'hypothèse de continu.

Les théorèmes de compacité et de Löwenheim-Skolem ne sont pas exportables dans les théories plus riches d'ordre supérieur. En vertu même de la relativité des notions ensemblistes et de la flexibilité dérivée des concepts sémantiques, la théorie des modèles admet la multiplicité «cardinale» des modèles et appelle à l'existence des modèles non isomorphes (qui n'ont pas la même cardinalité). La notion de catégoricité est donc tout à fait naturelle dans ce contexte.

Une théorie est catégorique, si et seulement si tous ses modèles sont isomorphes ou α – catégorique si ses modèles isomorphes ont la cardinalité α. Morley a démontré l'important théorème : «Si T est catégorique pour un cardinal non dénombrable k, alors T est catégorique pour tout cardinal non dénombrable λ». Essentiellement, on n'a plus que la catégoricité ω, dénombrable, et ω_1, non dénombrable. Ce théorème est à la base de la théorie de la stabilité et de la classification (des modèles non isomorphes de T) qui est la culmination de la théorie contemporaine des modèles [15].

2.4. Une théorie des démonstrations transarithmétique?

Nous avons dit quel tournant a pris la théorie des démonstrations avec la preuve de Gentzen sur la consistance de l'arithmétique. Gentzen utilise l'induction transfinie jusqu'à ε_0 pour faire correspondre des ordinaux aux dérivations (dans le système formel S_2) et montrer, dans son théorème dit de réduction, que toute preuve dans S_2 a une forme minimale (normale) – «Hauptsatz» de Gentzen. Mais l'induction transfinie, malgré les vœux de Gentzen, n'est pas de nature constructive : Gentzen parle d'un «Gedankenexperiment», une expérience de pensée qui permettrait une traversée («Durchlaufen») potentielle de l'infini (des ω) [16]. Nous montrerons plus loin comment l'induction transfinie est en réalité transarithmétique.

Toute la théorie des démonstrations est cependant demeurée dans la ligne gentzénienne, des preuves de forme normale et de normalisation aux systèmes de notation des ordinaux chez Schütte et autres (diagrammes d'ordinaux de Takeuti, par exemple) à la géométrie des ordinaux de Girard [17]; même la théorie métamathématique de l'intuitionnisme utilise une induction barrée (bar-induction) qui va au-delà du constructif. Rappelons que Cantor définit une forme normale pour tous les ordinaux $\alpha \neq 0$ et $\alpha < \varepsilon_0$

$$\alpha = n_1\omega^{\alpha_1} + n_2\omega^{\alpha_2} + \ldots + n_t\omega^{\alpha_t}$$

où chaque $\alpha \geq \omega$ est donc *représenté* par une suite de symboles n qui un à un correspondent aux nombres naturels. Les suites fondamentales sont engendrées par $\lim_{\mu<\nu} (\mu) = \nu$ par un procédé qui permet d'obtenir une suite d'ordinaux qui n'a pas de plus grand élément, i.e. ν n'a pas de prédécesseur immédiat, c'est la définition même de ω. Mais la génération arithmétique des ordinaux finis ne requiert que la fonction de successeur;

$$\forall n\,(Sn = n + 1),$$

15. Voir, pour la théorie de la stabilité, B. Poizat *Cours de théories des modèles*, [82] et S. Shelah *Classification Theory*, [92].

16. Cf. G. Gentzen *Collected Papers*, [43], p. 195.

17. Cf. J.Y. Girard *Proof Theory and Complexity of Proofs*, [46]. Girard utilise le langage fonctoriel de la théorie des catégories (les dilateurs) qui accentue encore le caractère non constructif de l'entreprise.

il faut un autre principe, celui de limite ou ordinal-limite – Brouwer qui suit Cantor de près dans sa théorie des ordinaux transfinis parle d'un principe d'arrêt « Hemmungsprinzip ». Ce principe de limite ou d'arrêt bloque le premier procès et transforme la suite engendrée par la fonction de successeur en « ensemble clos » ; mais cette suite est infinie en principe. Cette opération de fermeture qui permet de « suspendre » les opérations arithmétiques, fonctions de successeur, d'addition, de multiplication et d'exponentiation pour les « relancer » ensuite, nous l'appelons transarithmétique. La suite des nombres naturels, que nous appelons suite « effinie » a une borne prépositionnelle, mais pas de borne postpositionnelle, c'est-à-dire de dernier élément, et ne peut devenir un ensemble (totalité infinie de ses éléments) qui par ce passage illicite de la limite à un ordinal-limite, ici ω, devient l'ordinal de l'ensemble de *tous* les ordinaux finis $\alpha > \omega$. La suspension arbitraire du procès de génération, la « totification » subséquente de la suite effinie ne relèvent plus de l'arithmétique. Une théorie des preuves [18] qui utilise l'induction transfinie n'est pas plus constructive que la théorie des ensembles de Cantor, même si sa représentation est finie.

2.5. La diagonale de Cantor

L'une des méthodes qui ont connu le plus de succès dans les résultats d'insolubilité ou d'indécidabilité est bien la méthode diagonale qu'a utilisée Cantor pour démontrer la non-dénombrabilité des réels. Il suffit de rappeler que tout nombre de l'intervalle ($0 \leq x \leq 1$) peut être représenté canoniquement par une expansion décimale infinie en écartant les suites infinies de 0, par exemple

$$1 = 0.999\ ...$$

$$1/2 = 0.499\ ...$$

Supposons que l'on veuille énumérer ou dénombrer tous les nombres réels r_n de l'intervalle, c'est-à-dire les mettre en bijection avec l'ensemble n des nombres naturels, nous aurions alors

$$r_1 = .a_1\ a_2\ ...\ a_n$$

18. On verra plus loin la distinction qui semble fondée entre théorie générale des preuves et théorie réductive des preuves. Quant à la distinction que propose Kreisel entre « proof theory » et « theory of proofs », ce ne semble qu'un calembour (« pun »), puisqu'elle n'est pas traduisible. Malgré l'intérêt des travaux de Statman (cf. R. Statman *Structural Complexity of Proofs*, [96], sur la géométrie des preuves (i.e. leur représentation graphique au sens mathématique du terme), la distinction est contestable – pourquoi pas « théorie descriptive des preuves » ?

où $a_1\ a_2\ ...\ a_n$ représente la partie décimale du nombre – on peut omettre la partie intégrale de $\sqrt{2} = .4142\ ...\ \pi = .1415\ ...$ On produit de cette façon une liste

$$r_1 = .a_{11}\ a_{12}\ ...\ a_{1n}$$
$$r_1 = .a_{21}\ a_{22}\ ...\ a_{2n}$$
$$r_n = .a_{n1}\ a_{n2}\ ...\ a_{nn}$$

En prenant la diagonale (principale) de cette matrice, on peut toujours définir un nouveau nombre réel r_i de l'intervalle $0 < x \leq 1$ et construire ce nombre tel qu'il soit différent par au moins une décimale de tous les nombres de la suite ; ce nombre

$$r_i = a_{i1}\ a_{i2}\ ...\ a_{ii}$$

est défini de telle façon que $r_{i1} = 1$, si $a_{11} \neq 1$ et $r_{i1} = 2$, si $a_{11} = 1$ et ainsi de suite pour les autres nombres de la liste ; en général $r_i \neq a_{nn}$ et $\neq 0$. En d'autre mots, à cause de l'inexhaustibilité de l'intervalle réel on peut toujours construire de nouveaux réels. Le procédé est-il légitime ? Avant de répondre à la question, nous voulons produire d'autres arguments en faveur de la diagonale. Cantor a démontré que l'ensemble des nombres rationnels était dénombrable, i.e. en bijection avec les nombres naturels en les arrangeant dans une matrice de suites décroissantes de colonnes et de suites croissantes de lignes

$$1, 2, 3, ...$$
$$1/2, 2/2, 3/2, ...$$
$$1/3, 2/3, 3/3, ...$$

En zigzaguant dans cette matrice, on peut construire une suite

$$1, 2, 1/2, 1/3, 3,$$

où apparaît chaque nombre rationnel positif (en laissant tomber les nombres qui sont déjà apparus dans le procédé en zigzag) ; cette suite $\{r_1, r_2, r_3\ ...\}$ de même que la suite $\{0, -r_1, r_1, -r_2, r_2\ ...\}$ de tous les nombres rationnels est donc en bijection avec la suite $\{n_1, n_2, n_3, ...\}$. Cantor a aussi démontré que l'ensemble des nombres algébriques réels, nombres qui sont des solutions d'équations algébriques

$$f(x) = a_n\ x^n + a_{n-1}\ x^{n-1} + ... + a_1 x + a_0$$

où les $a_n \neq 0$ sont des entiers rationnels est aussi dénombrable ; la preuve s'appuie simplement sur les degrés des polynômes qui constituent évidemment un ensemble dénombrable (de même pour les nombres algébriques complexes pour lesquels la preuve vaut également). Notons que Cantor démontre la non-démontrabilité de R dès 1874 (voir [10], 115-118) et qu'il n'invente la méthode diagonale proprement dite qu'en 1890 pour démontrer que l'ensemble des parties P(X) d'un ensemble infini X est strictement plus grand que cet ensemble (voir [10], 278-281).

Le procédé de diagonalisation permet de définir une fonction $g : N \to N$ distincte de toutes les fonctions computables – ou récursives, par la thèse de Church – une fonction qui n'est donc pas calculable : on se donne une énumération $f_0, f_1, f_2, \ldots$ de l'ensemble (dénombrable) des fonctions calculables f et on définit par diagonalisation une fonction $g(n) \neq f_n(n)$

$$g(n) = \begin{cases} 1; \text{ ssi } f_n(n) = 0 \\ 0; \text{ autrement} \end{cases}$$

Si g (n) était calculable, nous aurions pour un k arbitraire

$$g(k) = f_k(k)$$

mais nous avons défini

$$f_k(k) = 0 \leftrightarrow g(k) = 1$$

et

$$f_k(k) \neq 0 \leftrightarrow g(k) = 0$$

donc

$$g(k) \neq f_k(k)$$

On se rend compte de la généralité du procédé. Richard[19] en a tiré un paradoxe qui a fait son chemin jusqu'à la preuve de Gödel qui en est la version formelle. Mais là ou Richard ne voyait qu'un paradoxe de la théorie des ensembles, Gödel a vu l'incomplétude du système formel de l'arithmétique.

Richard part de l'idée que tout nombre naturel ou son expression décimale est expressible par une permutation des lettres de l'alphabet (le paradoxe de Berry est similaire); on a la liste infinie (dénombrable) des nombres naturels et par diagonalisation on obtient un nombre qui n'est pas dans la liste et est pourtant expressible en tant que permutation d'un alphabet fini. Richard pensera que le paradoxe se dissout en considérant que le nombre ainsi défini n'appartient pas à un ensemble bien défini ou «prédicatif». Gödel, formalisant la théorie des nombres, obtient une réponse toute différente : le paradoxe ne se dissout pas, il devient un énoncé indécidable[20].

---

19. Cf. J. Richard «Les principes des mathématiques et le problème des ensembles», [86].

20. Le paradoxe du menteur, même s'il fait la fortune de la logique philosophique, «philosophical logic», n'est que la formulation la plus simple du mécanisme d'auto-référence: «Tous les Crétois sont menteurs et je suis Crétois».

2.6. Le problème de la représentation

Le concept de représentation est omniprésent en mathématique, qu'il s'agisse de la représentation d'un groupe par une structure algébrique ou de la représentation d'une algèbre par un espace topologique ou plus généralement d'une théorie ou d'un concept par une structure (au sens bourbakiste) concrète. La notion de représentabilité joue un rôle central dans le résultat d'incomplétude de Gödel. Mais les deux principales utilisations du concept, d'un point de vue historique à tout le moins, sont le théorème fondamental de l'arithmétique et la représentation des fonctions d'une variable réelle par une série trigonométrique appelée communément série de Fourier. Le théorème fondamental de l'arithmétique qui énonce que tout entier est représentable de façon unique par un produit de facteurs premiers est connu d'Euclide (ou du moins anticipé) et sera démontré par Gauss. Formellement on a

$$\forall x \, (x = n_0{}^{a_0} n_1{}^{a_1} \ldots n_r{}^{a_r})$$

où les n sont les nombres premiers. Nous reviendrons plus loin sur l'importance fondamentale de ce théorème de représentation.

Fourier dans sa *Théorie analytique de la chaleur* (1822) a introduit le concept de la représentation d'une fonction f(x) par une série trigonométrique

$$f(x) = 1/2\, a_0 + \sum_{1}^{\infty} (a_n \cos n\, x + b_n \sin n\, x)$$

dans $(-\pi, \pi)$; le problème, celui de la représentation d'une fonction continue par une série convergente, allait connaître une fortune glorieuse en mathématiques. Dirichlet, Cauchy, Riemann, Hankel s'y intéressent. C'est le problème hérité de Riemann et posé par Heine[21] qui sera le point de départ des travaux de Cantor sur la question :

Après Gödel, dont l'énoncé indécidable dit de lui-même qu'il n'est pas démontrable, situation curieuse qui rappelle celle du menteur, comme dit Gödel, Tarski inventera l'idée de métalangage pour résoudre le paradoxe. Évidemment, la construction formelle de Gödel repose sur la notion de fonction récursive et l'arithmétisation de sa propre syntaxe et n'a pas de contenu sémantique propre. Remarquons finalement que l'idée de métalangage correspond sémantiquement à la deuxième preuve d'incomplétude de Gödel, dite preuve sur la consistance, qui dit simplement que la consistance de A_α ne peut être que dans $A_{\alpha+1}$ comme la vérité (globale) de A_α ne peut être exprimée dans A_α.

21. Cf. J. Dauben, *Georg* Cantor. *His Mathematics and Philosophy of the Infinite*, [15], chap. 2. Le texte de Cantor se trouve dans *Gesammelte Abhandlungen*, [10], 71 ss.

démontrer que si une fonction f(x) d'une variable réelle x est représentée par une série trigonométrique convergente pour toutes les valeurs de x, alors il n'y a pas d'autre série de la même forme qui converge pour toutes les valeurs de x et représente la fonction f(x). C'est le problème de l'unicité de la représentattion ou de la représentation canonique. Cantor obtient sa démonstration en 1871 ; son idée est de montrer que pour x = 0 les coefficients a_n et b_n, arbitrairement petits, sont identiquement nuls pour tous les indices finis n. Mais Cantor ne s'arrête pas là et veut généraliser sa preuve. Aidé par la notion de « condensation des singularités » de Hankel, il obtient le résultat désiré et c'est ici qu'apparaît le concept d'ensemble dérivé de points (exceptionnels ou singuliers) de la première espèce (pour n fini). En généralisant, Cantor veut atteindre toutes les espèces, c'est-à-dire une infinité, donc une espèce infinie d'ensembles de points infinis, en d'autres mots, des ensembles infinis de points d'ordre arbitraire.

Les suites fondamentales ou les séries élémentaires, comme il les a d'abord appelées seront l'instrument essentiel. Une suite fondamentale sera définie pour tout μ par

$$\lim_{\nu \to \infty} (\alpha_{\nu+\mu} - \alpha_\nu) = 0$$

de telle sorte qu'en général

$$\lim_{\nu \to \infty} \beta_\nu = \beta$$

On voit immédiatement la parenté avec la définition d'une suite de Cauchy. Mais là ou Cauchy et tous les autres voyaient une limite, Cantor, après avoir dit que ce n'était qu'un symbole, voit un nombre ordinal. C'est ici précisément que se situe le passage à la transarithmétique : le nombre-limite ou ordinal-limite sera le matériau d'une arithmétique transfinie inventée en substituant un ordinal à un nombre réel. Ce détail en apparence insignifiant, Cantor dit « Kleinigkeit » ([10], 187), donne toute la mesure du réalisme cantorien : c'est parce que nous possédons déjà la notion de limite comme nombre irrationnel que la limite

$$\lim_{\nu \to \infty} a_\nu = b$$

existe, ce n'est pas un procès à la limite qui lui confère son existence. Ce passage, Cantor le justifie en quelque sorte par une interprétation géométrique – ce qui deviendra la topologie – des ensembles de points auxquels correspondent des ensembles de nombres (ordinaux). Aussi sa preuve sur l'équivalence (l'équipotence) de tous les continus n-dimensionnels suscitera-elle chez lui un détonnant « Je le vois, mais je ne crois pas ! ». Brouwer montrera plus tard qu'il n'y a pas d'homéomorphisme entre un espace (ou une variété) n-dimensionnel et un espace n + 1 dimensionnel, i.e. la bijection n'est pas continue.

En un sens, la théorie des ensembles de l'analyse classique peut être vue comme une extension de l'analyse classique, une « transarithmétisation » de l'analyse, contraire dans son esprit à l'arithmétisation de l'analyse, mais comparable à une autre extension de l'analyse classique, l'analyse non standard qui récupère les infinitésimaux auxquels s'opposait Cantor pour des raisons philosophiques [22]. Les ordinaux-limites (« Limeszahlen ») sont en effet l'équivalent transfini de limites infinitésimales $\delta_1 + \delta_0 = \delta_1$ qui correspondent symétriquement aux « transinfinitésimaux ». Ce sont là uniquement deux extensions macro-microensemblistes de l'analyse classique à la Weierstrass par « substantification » de la notion (arithmétique) de limite. Il ne faut pas oublier, en effet, que Weierstrass, qui énonce le premier la notion de limite, le fait dans l'esprit de l'arithmétisation de l'analyse.

Mais en donnant une « forme normale » pour tout ordinal α

$$\alpha = n_1\, \omega^{\alpha_1} + n_2\, \omega^{\alpha_2} + \ldots + n_t\, \omega^{\alpha_t}$$

où les n sont des entiers, Cantor revenait à une sorte de représentation arithmétique (ou canonique) de tous les ordinaux qui pouvait laisser croire que la hiérarchie transarithmétique était non seulement bien ordonnée, comme tentera de le démontrer Zermelo plus tard, mais qu'elle avait une allure « finie », tout comme la représentation de tout entier par un produit de facteurs premiers [23]. Il n'est pas étonnant

---

22. Dans le même sens, les nombres surréels de Conway (voir là-dessus nos *Méthodes et Concepts de la logique formelle* [34], appendice I) sont une extension des nombres réels à la Dedekind, c'est-à-dire une application des coupures de Dedekind qui redonne l'arithmétique transfinie de Cantor.

23. L'histoire de la représentation canonique est à faire. On l'a dit, le théorème fondamental de l'arithmétique se trouve déjà (presque) formulé dans Euclide, mais ne sera démontré que par Gauss. La formule du produit d'Euler pour n entiers et p nombres premiers qui donne

$$\sum_n n^{-s} = \prod_p (1-p^{-s})^{-1}$$

et

qu'un Kronecker, qui travaillait sur l'approximation des réels par les rationnels ou un du Bois-Reymond du point de vue de l'analyse aient senti le subterfuge et dénoncé le stratagème avec vigueur.

2.7. La théorie des démonstrations

A la suite de Kreisel[24], nous distinguerons la théorie générale des démonstrations de la théorie réductive des démonstrations. Depuis Euclide, la démonstration fait partie intégrante des mathématiques. Mais l'intérêt qu'on accorde à l'élaboration d'une preuve n'a pas toujours été égal : ainsi le célèbre mathématicien anglais G.H. Hardy ne dit-il pas que « les preuves ne sont rien, seuls les bons concepts comptent » [25]. Il est sans doute vrai que les mathématiciens eux-mêmes se répartissent en deux classes, les « concepteurs » ou créateurs de concepts (et de théories parfois) et les « prouveurs » (ou « démonstrateurs »), qui démontrent les théorèmes qu'ils n'ont pas conçus eux-mêmes. Le couple Cantor-Dedekind vient de suite à l'esprit; Cantor avouait qu'il n'était certain d'une preuve que lorsqu'il l'avait soumis à Dedekind qui disait avoir un esprit d'escalier « Treppenverstand » [26]. Dedekind était par ailleurs lui aussi un mathématicien créateur. Des mathématiciens comme Thom (la théorie du cobordisme en topologie différentielle qu'il a créée de toutes pièces

$$f(s) = \sum_p \frac{1}{p_1^{n_1 s} p_2^{n_2 s} \dots p_k^{n_k s}}$$

peut être considérée comme l'équivalent analytique du théorème fondamental de l'arithmétique. La fonction f(x) de Riemann est l'extension dans les nombres complexes de la fonction d'Euler. La formule a pour conséquence l'infinité des nombres premiers par la divergence de $\sum_n n^{-s}$ pour les valeurs intégrales s. Finalement, Kummer qui cherche la représentation canonique pour les nombres complexes appliquera la même formule pour trouver l'équivalent du théorème fondamental de l'arithmétique pour sa théorie des nombres « idéaux » complexes ou entiers cyclotomiques ; ces nombres idéaux complexes donneront naissance à la théorie des idéaux de Dedekind et la représentation canonique est définie dans le corps des nombres algébriques: tout idéal dans l'anneau (de Dedekind) des entiers algébriques peut être écrit comme produit d'idéaux premiers – un nombre (complexe) algébrique est toute racine d'un polynôme à coefficients entiers.

24. Cette distinction est due à Georg Kreisel et a été reprise par D. Prawitz dans « Ideas and Results in Proof Theory », [84]. On consultera aussi G. Kreisel « A Survey of Proof Theory II » [65], 109-170 dont la première partie est parue dans *The Journal of Symbolic Logic*, [64].

25. Voir G.H. Hardy *A Mathematician's Apology*, [53].

26. Voir la correspondance Cantor-Dedekind dans G. Cantor, *Gesammelte Abhandlungen*, [10], 443-451.

n'est pas encore entièrement démontrée) ou Grothendieck (pour la géométrie algébrique) sont des créateurs ; les « prouveurs » sont très nombreux. Mais ce n'est là que la psychologie des mathématiques qui n'a pas d'intérêt pour nous.

Bourbaki en est un (ou plusieurs !) qui prend la preuve au sérieux. « Qui dit mathématique, dit démonstration » déclare-t-il au tout début de son entreprise[27]. Qui dit démonstration, dit logique, pourrions-nous ajouter. Montrons le tout de suite.

Bourbaki énumère quatre types de preuve dans son traité a) preuve par hypothèse auxiliaire ; b) preuve par réduction à l'absurde ; c) preuve par disjonction des cas et d) preuve par constante auxiliaire. Il n'est pas difficile de donner la version formelle de ces types de preuve : la preuve par hypothèse auxiliaire où l'énoncé A est supposé vrai (ou est un axiome) correspond à la règle d'introduction du fer à cheval I ⊃

$$\frac{\begin{array}{c}[A]\\ B\end{array}}{A \supset B}$$

la preuve indirecte ou « réduction ad absurdum » où l'on suppose que A est faux correspond à la règle d'élimination de la négation E ¬

$$\frac{\begin{array}{c}[\neg A]\\ \bot\end{array}}{A}$$

(pour la logique classique s'entend)

la preuve par disjonction des cas où de A ∨ B il faut passer par A ⊃ C et B ⊃ C pour obtenir C correspond à la règle d'élimination du « disjoncteur » E ∨

$$\frac{A \vee B, \quad \begin{array}{c}[A]\\ C\end{array} \quad \begin{array}{c}[B]\\ C,\end{array}}{C}$$

enfin la preuve par la constante auxiliaire où l'on suppose que l'on a un x tel que A (prédicat) correspond à la règle d'élimination du quantificateur existentiel ∃

27. Cf. N. Bourbaki *Eléments des mathématiques. Théorie des ensembles*, [6].

$$\frac{\exists x\ A(x) \qquad \begin{matrix}[A(t)]\\ B\end{matrix}}{B}$$

Ces règles dites de déduction naturelle ont été formulées par Gentzen et font partie de l'arsenal de la logique formelle contemporaine[28]. Outre la règle d'inférence «modus ponens» connue depuis Aristote et qui correspond à la règle d'élimination du fer à cheval E ⊃

$$\frac{A,\ A \supset B}{B}$$

on a la règle de coupure

$$\frac{A \supset D,\ D \supset B}{A \supset B}$$

qui joue un rôle important dans les théorèmes de forme normale qui garantissent qu'on peut obtenir une dérivation sans la règle de coupure dans un système formel donné – en plus des théorèmes de forme normale, on a des théorèmes de normalisation qui garantissent que toute dérivation est normalisable. Gentzen, Schütte, Prawitz, Martin-Löf, Girard ont obtenu des résultats pour divers systèmes formels, e.g. logique des prédicats du premier ordre, du second ordre, théorie des types, arithmétique, etc... L'important principe d'inversion (qu'on attribue à Lorenzen) stipule que la conclusion obtenue par une règle d'élimination ne dit rien de plus que ce qui aurait été acquis si la prémisse majeure de l'élimination avait été inférée par une règle d'introduction[29].

2.7.1. La théorie de la déduction naturelle appartient à la théorie générale des démonstrations; le cœur de la théorie des démonstrations est cependant la théorie «réductive» – cette épithète signifie que l'on cherche à formuler des sous-systèmes, des systèmes formels «réduits» de plus en plus forts pour tenter d'«approximer» le problème de la consistance de l'analyse classique ou de la théorie des ensembles, demeuré inaccessible jusqu'à maintenant. Ces sous-systèmes de l'analyse sont, par exemple, les hiérarchies arithmétiques, hyperarithmétique et analytique Σ^0_n, Π^0_n (où l'on quantifie sur des

---

28. Pour une présentation plus complète de ces règles, nous nous permettons de renvoyer à nos *Méthodes et concepts de la logique formelle*, [34] chap. I et chap. II.

29. Voir D. Prawitz, *Natural Deduction*, [83].

variables numériques et des variables fonctionnelles respectivement) en théorie de la récursion ou des versions affaiblies de l'arithmétique du second ordre. $<\mathbb{N}, O, S, =, +, \cdot>$ avec le postulat d'induction.

$$\forall X [XO \wedge \forall y (Xy \rightarrow XSy) \rightarrow \forall y\, Xy]$$ [30]

Mais l'instrument principal ici est l'induction transfinie jusqu'à ε_0, i.e. la limite de la hiérarchie des ω. Voyons maintenant ce qu'il en est de cette induction transfinie. On a vu que Cantor a établi la hiérarchie des ordinaux avec

$$\varepsilon_0 = \lim <\omega^{\omega^{\cdots^{\omega}}} \}^{n}>$$

On remarque que chacun des ensembles ordonnés de la hiérarchie a pour dernier terme n puisque la hiérarchie est fondée sur la forme normale que Cantor a donnée pour tout ordinal

$$\alpha = n_1\, \omega^{\alpha_1} + n_2\, \omega^{\alpha_2} + \ldots + n_t\, \omega^{\alpha_t}$$

où $\beta_1 > \beta_2 > \ldots > \beta_m$ et m, $n_1, n_2, \ldots, n_m$ sont finis. C'est la deuxième classe de nombres de Cantor dans laquelle on retrouve aussi les « ordinaux constructifs » de Kleene et Church; cette classe est, en effet, dénombrable et récursivement énumérable au sens de la théorie des ensembles à cause du terme n, mais n'est pas strictement énumérable au sens constructiviste puisqu'on peut trouver un ordinal tel que $\alpha_n \neq \alpha$ pour tous les n : on n'a qu'à prendre $\alpha = \lim \alpha_n$, donc $\alpha_n < \alpha$. On voit que les concepts sont assez fins ici; la thèse de Church affirme qu'un ensemble récursivement énumérable est aussi effectivement énumérable ou encore qu'une fonction récursive est équivalente à une prescription qui génère un à un les éléments d'un ensemble (voir là dessus [34], chap. 4). Il est bien connu que l'ensemble des fonctions récursives primitives est équivalent à toute une série de systèmes formels, machine de Turing, λ-définissabilité, calcul équationnel, systèmes canoniques de Post, algorithmes normaux de Markov.

C'est dans sa preuve de non-contradiction de l'arithmétique (1936) que Gentzen utilise l'induction transfinie. Hilbert avait voulu se limiter à une preuve de non-contradiction « finit », c'est-à-dire à une configuration finie d'objets concrets, de signes formels; c'est la combinatoire finie à laquelle Hilbert pensait pouvoir réduire la théorie de la preuve. La seconde preuve d'incomplétude (1931) de Gödel modifiera sensiblement cet idéal. L'outil majeur de Hilbert était le

30. Pour plus de détails sur ces questions, on pourra consulter nos *Fondements des mathématiques*, [31], chap. III.

symbole ε, une fonction de choix (approximative) employée un nombre fini de fois et qui permettait d'éliminer les quantificateurs :

$$A(t) \rightarrow A(\varepsilon_x A(x))$$

$$\exists x\, A(x) \equiv A(\varepsilon_x A(x))$$

$$\forall x\, A(x) \equiv A(\varepsilon_x \neg A(x))$$ [31]

Puis Skolem introduit la notion d'expansion, i.e. conjonction de formules avec instantiation existentielle mais sans quantificateurs – technique qui allait mener à ce qu'on appelle l'élimination des quantificateurs. Le théorème de Herbrand utilise cette notion d'expansion de façon syntaxique : une formule est dérivable, si sa négation a une expansion inconsistante en termes de valeurs de vérité. D'autre part, Skolem, Gödel, Tarski créaient la théorie des modèles avec la notion centrale de satisfaction (d'une formule ou d'un ensemble de formules).

Après le résultat de Gödel qui démontrait que la preuve de consistance d'une théorie devait utiliser des moyens (formels) plus forts que ceux dont disposait le système formel de la théorie en question, il était évident qu'il fallait aller au-delà de la combinatoire finie de Hilbert. L'intuitionnisme de Brouwer comportait déjà des objets abstraits, fonctions, fonctionnelles, constructions, preuves qui transcendaient le point de vue strictement finitaire de Hilbert, mais cette voie ne sera exploitée que beaucoup plus tard par Gödel dans son interprétation « Dialectica » [32]. Pour Gentzen, l'induction transfinie signifiait le parcours de la traversée « potentielle » d'une totalité infinie. Gentzen a toujours insisté sur cette interprétation « potentialiste » [33], mais le « Gedankenexperiment » du parcours potentiel d'un ensemble infini n'est pas prédicatif; nous allons le montrer en critiquant la justification de l'induction transfinie qu'a voulu donner Takeuti dans son livre *Proof Theory* [34]. Takeuti part du principe

31. On consultera là-dessus D. Hilbert et P. Bernays *Grundlagen der Mathematik*, [58], qui contient les détails sur les méthodes utilisant le symbole ε.

32. Cf. K. Gödel « Ueber eine bis jetzt noch nicht benützte Erweiterung des finiten Standpunktes », [47].

33. Cf. G. Gentzen *Collected Papers*, [43], 195-196.

34. Cf. G. Takeuti *Proof Theory*, [98], chap. 2. On pourra consulter aussi sur la théorie des démonstrations, l'ouvrage classique de K. Schütte *Beweistheorie*, [88], mais Schütte ne tente pas de justifier l'induction transfinie. La traduction en anglais comporte de nombreux résultats de la théorie des démonstrations (e.g. systèmes formels de l'arithmétique, systèmes semi-formels, etc.), mais rien de neuf, fondationnellement parlant (cf. K. Schütte, *Proof Theory*, [89]).

suivant : « quand tous les nombres plus petits que β sont reconnus comme accessibles, alors β est lui-même accessible », mais au lieu de suites strictement croissantes d'ordinaux $\beta_0 < \beta_1 \ldots < \beta_{\varepsilon_0}$, il introduit des suites strictement décroissantes $\mu > \ldots > \mu_1 > \mu_0$ pour $\mu = \lim (\omega^{\mu_n})$ et tente de montrer par une méthode concrète que toute suite est finie.

L'idée se résume à celle des arbres bien fondés (ou bien enracinés)

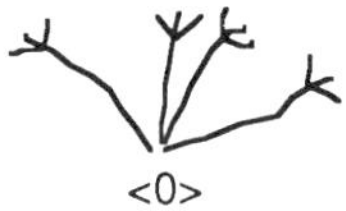

ou

qui illustrent le concept de suite finie : tout sentier ou toute branche est finie puisqu'on peut y remonter ou y redescendre en un nombre fini d'étapes jusqu'au premier ordinal 0.

Takeuti conclut donc : si $\mu_1, \mu_2, \ldots, \mu_n$ sont des ordinaux, alors $\mu_1 + \mu_2 + \ldots + \mu_n$ et ω^{μ} en sont avec 0, $\omega^{o} = 1$ et $\mu = \lim (\omega^{\mu_n})$ et formule la proposition suivante :

Proposition I : « un ordinal μ est accessible s'il a été démontré que toute suite strictement décroissante commençant par μ est finie »

Puisqu'il s'agit des suites strictement décroissantes, nous préférons parler d'ordinaux « récessibles » et par analogie avec le théorème de Heinc-Borel sur la continuité uniforme dans un intervalle borné fermé, nous introduisons la notion de récessibilité uniforme et nous énonçons la proposition suivante :

Proposition II : « un ordinal μ est uniformément récessible s'il a été démontré que dans toute suite strictement décroissante tout μ_n a un récesseur immédiat »

De cette proposition nous tirons immédiatement la proposition suivante :

Proposition III : « ε_0 n'est pas uniformément récessible ».

la suite des ordinaux de la deuxième classe de nombres de Cantor comporte des termes ou points singuliers ou de discontinuité à chaque ordinal-limite de la suite – i.e., aucun des ω, $\omega \cdot 2$, ω^2, ω^ω, $\omega^{\omega^{\omega^{\cdot^{\cdot^{\cdot}}}}}$, ε_0 n'a de récesseur immédiat, donc ε_0 n'est pas uniformément récessible.

Il est clair par conséquent qu'un ordinal qui n'est pas uniformément récessible est défini imprédicativement, c'est-à-dire par en haut, par rapport à une totalité à laquelle il appartient téléogiquement et non par en bas, par rapport à la génération successive de ses prédécesseurs [35]. Le mal vient de l'« ensemblage », de la mise en ensembles de suites qui sont générées par itération et non par englobement ou totalisation. La suite des nombres naturels, par exemple, est effinie, i.e. n'a pas de dernier terme ; il est illusoire de « globaliser » cette suite et d'en faire un « ensemble » infini et la confusion s'installe au moment où l'on attribue un ordinal à cette totalité des ordinaux (finis). Le passage de l'« ordination » à l'« ensemblage » est un procès « transarithmétique » comme nous l'avons appelé ailleurs et ce passage est illégitime d'un point de vue constructiviste (effinitaire).

Même si Gentzen, Takeuti et d'autres ont tenté de justifier l'induction transfinie en recourant à une interprétation « potentialiste » ou presque finitaire – on utilise toujours l'induction transfinie ou l'induction barrée transfinie dans la métathéorie de systèmes formels de l'analyse intuitionniste par exemple – la notion d'induction transfinie n'a pas de contenu constructif en vertu du caractère imprédicatif de la notion d'ensemble infini achevé ou clos.

35. La même critique s'applique à la notion d'échelle récursive primitive telle qu'exploitée par Girard dans « A Survey of Π^1_2 — logic », [44]. La seule défense possible, c'est de dire comme Girard que la notion d'échelle transfinie ou d'ensemble infini doit être prise et comprise telle quelle, qu'elle n'est pas réductible (en particulier, pour la notion d'échelle, qu'elle peut être comprise sans la notion d'échelons !).

2.7.2. La distinction entre preuves constructives et preuves non-constructives est la plus nette en théorie des nombres (la théorie mathématique des nombres et non la théorie logique ou arithmétique du premier et du second ordre). Depuis longtemps, on distingue une preuve constructive ou élémentaire effectuable en un nombre fini d'étapes d'une preuve analytique ou transcendante qui fait intervenir, outre le tiers exclu, des ensembles infinis comme les fonctions entières ou le prolongement analytique d'une fonction, etc... On sait que Bishop, qui a voulu à l'instar de Brouwer, donner des fondements constructivistes à l'analyse (cf. *Foundations of constructive analysis*, [5]), défend une interprétation numérique des mathématiques et rejette le tiers exclu sous la forme de ce que Bishop appelle le principe d'omniscience

$$\forall x\, P(x) \vee \exists x \neg P(x)$$

d'où

$$\neg \forall x\, P(x) \supset \exists x \neg P(x).$$

Quant à l'intuitionnisme qui a fait de la notion de preuve la notion centrale de son programme fondationnel, il rejette comme moyens de preuve le tiers exclu, les totalités infinies et toutes les constructions qui ne sont pas effectuables finiment ou potentiellement. Le constructivisme radical que nous défendons – il y a plusieurs versions du constructivisme qui ne sont pas aussi radicales – que nous pourrions appeler « effinitaire », parce qu'il va au-delà du finitisme de Hilbert en admettant des suites « effinies », fonde les mathématiques et les méthodes de preuves légitimes sur des constructions finies, une quantification effinie Ɨx pour les suites effinies et le concept de négation locale qui entraîne une réinterprétation constructiviste des constantes logiques et des concepts fondamentaux des mathématiques. Il ne s'agit par ici de fonder la logique et les mathématiques sur l'intuition du temps comme dans l'intuitionnisme de Brouwer, sur des jeux de dialogue (« Dialogspiele ») comme chez Lorenzen ou sur une pratique discursive quelconque ou encore sur le langage ordinaire, mais plutôt sur une théorie des assertions et des négations (c'est-à-dire des domaines locaux d'assertion et de négation).

Une telle théorie entraîne des modifications importantes de la logique et des mathématiques classiques. Mais nous ne pouvons en parler plus longuement ici [36].

36. J'ai commencé à formuler quelques théorèmes fondamentaux de cette théorie dans « Une théorie de la négation locale » qui constitue le premier chapitre

2.7.3. Nous terminerons en indiquant brièvement les développements contemporains les plus significatifs de la théorie des démonstrations.

a) la théorie géométrique des preuves appelée par Kreisel « theory of proofs » pour la distinguer de la « proof theory ». Cette théorie s'intéresse à la longueur des preuves (ou des dérivations), leur structure géométrique (e.g. leur genre) et tente de fixer des bornes à la complexité (travaux de Statman);

b) la théorie algébrique des preuves où l'on utilise des moyens algébriques et catégoriques (théorie des catégories) pour analyser la structure externe des preuves, e.g. leur longueur;

c) la théorie de la complexité s'occupe aussi des problèmes de longueur des preuves, mais dans un esprit plus arithmétique ; on rencontre ici les problèmes décidables mais exponentiellement complexes, c'est-à-dire des problèmes dont on sait qu'ils sont solubles en principe mais non en pratique à cause de leur complexité qui croît exponentiellement;

d) un domaine apparenté à celui-là, la théorie de la récursion généralisée et des algorithmes d'ordinateurs est une extension de la théorie classique de la récursion associée aux travaux sur les algorithmes abstraits;

e) dans ce sens, un des développements les plus intéressants est la jonction de la théorie des démonstrations et de la théorie de l'information. Chaitin[37] a obtenu un algorithme général Ω qui condense en quelque sorte tout le problème de l'indécidable ; on a les données suivantes :

- M, une machine de Turing universelle
- P(s), la probabilité qu'elle s'arrête après un certain nombre (aléatoire) de coups de dés 0, 1;
- H(s), est l'entropie ; $H(s) = -\log_2 P(s)$
- I(s), est la complexité du programme minimal ou le nombre minimal de bits (binary digits) requis pour spécifier l'algorithme qui commande à M de calculer s ou l'information algorithmique

d'un livre paru sous le titre *Théorétiques. Pour une philosophie constructiviste des sciences*, [35]. Ces résultats ont été annoncés dans « Vers une théorie de la négation locale », [33].

37. Voir G.J. Chaitin « Algorithmic Information Theory », [13].

- Ω est le nombre réel qui représente la possibilité que M s'arrête.

C'est là une généralisation du théorème en théorie de la récursion qui démontre l'impossibilité d'une solution pour le problème de l'arrêt, i.e. il n'y a pas moyen de déterminer si un programme quelconque va stopper ou continuer indéfiniment; dans le cas de Ω, c'est un aléatoire algorithmique «incompressible», le nombre Ω est définissable, mais indémontrable et il l'est de plus en plus, peut-on dire, ou entropiquement, puisque le nombre de bits du système formel qu'il faut pour le définir est plus grand que le nombre de bits du système formel qu'il faut pour le démontrer. Cette généralisation du résultat de Gödel est optimale, dans le sens où on ne peut l'améliorer.

f) finalement on peut indiquer qu'on n'a pas épuisé l'analyse philosophique de la notion de preuve. Kreisel, après Hilbert, Bernays et d'autres, a insisté sur la nécessité d'une telle analyse. Les différentes sortes de preuves et les diverses méthodes de preuve ne sont pas réfractaires à l'examen, mais l'invasion de la sémantique ensembliste a brouillé bien des pistes (par exemple, la métalogique de la logique intuitionniste n'est pas souvent intuitionniste, alors que la métamathématique des mathématiques intuitionnistes l'est davantage). M. Dummett a proposé récemment une théorie de la signification fondée sur la notion intuitionniste de preuve qui n'a rien à voir avec les valeurs de vérité classiques ou encore la définition tarskienne de la vérité.

Je suggère de distinguer trois moments dans la preuve 1° la preuve 2° l'épreuve 3° l'«appreuve»; une fois qu'une preuve est produite, il faut la vérifier ou la faire vérifier, l'évaluer (on peut alors l'améliorer en l'abrégeant, par exemple, ou en employant une autre voie démonstrative sans changer les moyens essentiels de la preuve). Un certain nombre de travaux ont été faits sur l'équivalence de deux preuves ou de deux dérivations si l'on tient compte de la distinction intuitionniste entre preuve et dérivation (où la preuve est un objet mental et la dérivation sa représentation graphique). Le moment décisif demeure celui de l'appreuve, c'est-à-dire de l'approbation de la preuve et des moyens de sa démonstration. C'est ici qu'un constructiviste est le plus exigeant, mais il n'est pas seul à demander des comptes. Ainsi on a obtenu récemment la solution du problème classique des quatre couleurs en topologie – quatre couleurs suffisent pour colorier une carte planaire de telle sorte qu'il n'y ait pas deux pays limitrophes de la même couleur (Appel et Haken, 1976). Le preuve fait appel à l'ordinateur à cause des longs calculs qui sont nécessaires (1200 heures). Plusieurs mathématiciens ne sont pas convaincus du bien-fondé de la preuve et voudraient avoir une preuve plus courte « faite à la main ». Si l'appreuve ou l'approbation n'est pas acquise, la preuve perd son caractère de certitude – Hilbert parlait de « Sicherheit » – qui demeure la motivation centrale de la théorie des démonstrations. Et si les mathématiques (et la logique) classiques assurent le confort théologique du paradis cantorien que Hilbert malgré tout ne voulait pas quitter, le constructivisme « athée » préfère encore les nourritures terrestres et le dur labeur de la vérification ou mieux de la « vérifaction » aux fictions idéales et au rêve figé d'un ciel *incertain.*

III
LA LOGIQUE DU DISCOURS MATHÉMATIQUE

3.0. Une théorie finitaire de l'arithmétique avec descente infinie

La logique arithmétique est une théorie de la logique interne de l'arithmétique que nous supposons être la logique minimale; la logique arithmétique régit donc la logique tout court, c'est-à-dire l'usage des constantes logiques dont nous avons dit qu'il dérivait des opérations arithmétiques ou d'un calcul (combinatoire) élémentaire. Ce calcul est cependant enrichi par un procès itératif, l'induction ou la récurrence, qui n'est plus combinatoire. Mais l'induction n'est pas ensembliste non plus, dans la mesure où elle engendre tous les ensembles finis et ne s'y épuise pas; c'est ce procès effini qui correspond à la descente infinie ou indéfinie de Fermat[1] – nous donnons un exemple concret de la méthode dans l'appendice I.

Que l'induction ne se réduise pas à l'ensemblage des éléments d'une suite dans la formation de ses segments initiaux (ou ensembles finis), c'est cela même qui interdit d'identifier la descente infinie au bon ordre sur l'ensemble des ordinaux finis (qui est un ordre strict sur

---

1. L'arithmétique finitaire avec descente infinie (ou l'induction effinie) ne doit pas être confondue avec l'arithmétique bornée (voir S.R. Buss *Bounded Arithmetic*, [9] ou l'arithmétique prédicative (voir E. Nelson *Predicative Arithmetic*, [77]). D'une part, l'arithmétique avec bornes arbitraires ne limite pas l'induction aux seuls entiers finis et, d'autre part, les ensembles d'entiers prédicativement définis (définis par « en bas ») n'imposent aucune limite à la formation itérative d'ensembles finis. Par ailleurs, l'induction ouverte (« open induction ») définie sur l'ensemble des entiers correspond à l'induction complète dans l'arithmétique de Peano. On le voit, une arithmétique finitaire est plus restreinte et sa logique interne est prédicative. D'où la nécessité d'introduire le nouveau quantificateur effini Ɪ x Ax.

l'ensemble de ses parties). Car ce qui est en jeu dans la notion de bon ordre ou dans celle de récursivité, c'est l'encadrement, la mise en scène ensembliste qui suggère la mainmise universelle de la notion d'ensemble infini. Or celle-ci étant présupposée partout, on ne trouve nulle part sa justification, si ce n'est dans le principe d'un procès transarithmétique qui stopperait le procès itératif de la construction des entiers naturels à un ordinal-limite ω pour ensuite redémarrer et ainsi de suite jusqu'à la traversée potentielle de tous les ω dont la limite est ε_0 – c'est l'induction transfinie de Gentzen.

Le caractère effectif, « effinitaire » de la descente infinie apparaît aussitôt, puisqu'on ne va jamais au-delà d'un n arbitraire.

La descente infinie est une méthode constructive qui s'appuie sur le concept d'infini potentiel ou de suite processive potentiellement infinie, selon l'expression de Brouwer « infinitely proceeding sequences », ce que nous avons appelé suite effinie. Fermat dit de la descente infinie que c'est une « *ἀπαγωγή εἰς ἀδύνατον* », c'est à dire une réduction à l'absurde à propos de l'existence de triangles rectangles (dans les entiers rationnels) dont l'aire devrait être un carré ; s'il existait un tel triangle, nous dit Fermat, il y en aurait un autre dans des entiers plus petits avec les mêmes propriétés et s'il y en a un deuxième, il devrait y en avoir un troisième et ainsi de suite à l'infini. Mais cela est impossible, puisqu'il n'y a pas de suite descendante infinie dans les nombres naturels, on doit s'arrêter à 0.

La réduction à l'absurde est parfaitement admissible ici, puisqu'elle est finitaire et la double négation qu'elle entraîne ne transcende pas le domaine fini. Le cas est encore plus évident lorsque Fermat nous dit qu'il a appliqué sa méthode non seulement aux questions négatives, mais aussi aux questions positives comme celle-ci : « Tout nombre premier, qui est plus grand qu'un multiple de 4 par une unité, doit être composé de deux carrés ». Si ce n'était pas le cas, il y aurait des nombres premiers plus petits qui ne sont pas de cette nature jusqu'à ce qu'on arrive à 5 qui a pourtant la propriété prescrite ; on doit donc conclure, par voie indirecte, que le théorème est vrai. On pourrait croire ici que la descente infinie est équivalente au principe du plus petit nombre, mais nous sommes dans un contexte purement arithmétique et on ne peut utiliser le quantificateur universel pour parler de l'ensemble (infini) des nombres naturels sans tomber dans le piège ontologique du « tous » qui devient un « tout », simple procédé de la « totification » d'une multiplicité. La différence essentielle entre la descente infinie et le principe du plus petit nombre (et l'induction complète dont il découle) vient du caractère non constructif de l'induction ensembliste quand on lui applique la réduction à l'absurde puisqu'elle obéit alors au principe du tiers exclu par la double négation pour un ensemble infini et n'est plus sujette aux standards constructifs (ou intuitionnistes). Remarquons que la montée infinie ou le versant ascendant de la descente infinie – l'induction effinie – viole le principe du tiers exclu pour la simple raison que c'est un procès ouvert et que la double négation ne peut opérer sur une suite effinie et il est clair que la montée infinie n'est pas une réduction à l'absurde.

Ce que nous appelons l'arithmétique de Fermat est un modèle de l'arithmétique finitaire avec descente infinie. Ce modèle est suffisant pour la théorie pure des nombres où l'infini a toujours un sens potentiel. L'arithmétique de Fermat ne comporte qu'un seul ordinal-limite, 0. La descente infinie se substitue au postulat d'induction de Peano sous la forme de l'induction (montée) effinie exprimée à l'aide du quantificateur effini

$$\text{Ɨ}x\,[A0 \wedge \text{Ɨ}x\,(Ax \rightarrow ASx)] \rightarrow \text{Ɨ}x\,Ax$$

C'est ce modèle que nous allons explorer plus avant par strates successives.

3.1. L'arithmétique de Fermat et la descente infinie[2]

Nous caractérisons l'arithmétique de Fermat en disant simplement que c'est l'arithmétique qui comporte au plus un ordinal-limite; l'arithmétique de Peano en comporte au moins deux et l'arithmétique transfinie ou transarithmétique de Cantor un nombre arbitrairement élevé d'ordinaux-limites – l'arithmétique de Heyting qui est la version intuitionniste de l'arithmétique de Peano a elle aussi au moins deux ordinaux-limites. On pourrait voir là un critère de démarcation et une

2. Voir P. de Fermat *Œuvres* [26]. Pour la descente infinie; cf. H.M. Edwards Fermat'*s Last Theorem,* ([22], 9-10) et H. Davenport *The Higher Arithmetic,* ([16], 159-160). Les deux textes essentiels de Fermat sur la descente infinie (ou indéfinie, selon sa propre expression) se trouvent dans le tome II des *Œuvres de* Fermat, [26], pp. 431-436 (lettre à Carcavi d'août 1659) et le tome I, pp. 340-341 dans les «observations sur Diophante» (XLV). La méthode est une «*ἀπαγωγή εἰς ἀδύνατον*» ou réduction à l'absurde, comme dit Fermat, puisque à partir d'un entier arbitraire, il ne peut y en avoir de plus petits à l'infini : «Quod impossibile est, quia, dato numero quovis integro, non possunt dari infiniti in integris illo minores», que je traduis «Ce qui est impossible, parce que pour un nombre entier quelconque, il ne peut s'en trouver une infinité qui lui soient inférieurs dans les entiers».

première définition du fini : est fini ce qui est exprimable dans l'arithmétique de Fermat. Par là même, les arithmétiques de Peano et Cantor ne sont pas des arithmétiques finies. Ou encore, si nous faisons la distinction entre ensembles finis et procès effinis que nous avons déjà introduite avec le quantificateur Ɨ x A, l'arithmétique de Fermat est la seule qui soit représentable fidèlement dans un système formel finitaire – où les procès effinis tiennent lieu, si on veut, des fonctionnelles de l'interprétation *Dialectica* de Gödel. Mais avant de décrire le système formel, il faut en connaître l'élément central : la descente infinie.

Nous appellerons la descente infinie « réduction » ou « méthode réductive » pour la distinguer de l'induction ordinaire. Il importe en effet d'insister sur les différences essentielles entre l'induction mathématique et la descente infinie – les logiciens et certains mathématiciens ne voient pas immédiatement ces différences. Tout d'abord, la descente infinie, comme son nom l'indique, est une méthode descendante et non pas une méthode ascendante, comme l'induction; c'est la voie ascensionnelle de l'induction qui a pu inspirer la transarithmétique et l'induction transfinie. On a vu dans le chapitre 2.7 comment Takeuti a tenté de justifier l'induction transfinie en suivant une voie descendante et on peut dire que l'axiome de fondation formulé par von Neumann pour la théorie axiomatique des ensembles

$$\forall x \{x \neq \phi \rightarrow \dot{\exists} y (y \in x \wedge y \cap \exists x = \phi) \}$$

ou l'équivalent qui stipule qu'il n'y a pas de chaîne infinie descendante (avec axiome du choix) s'inspirent de la descente infinie, mais dans un contexte ensembliste qui la dénature. De même il serait abusif d'identifier la descente infinie avec le principe du plus petit nombre qu'on peut formuler de la façon suivante :

$$\exists x\, Ax \rightarrow \exists x\, [\, Ax \wedge \forall y\, (\, y < x \rightarrow \neg A(y)\,)\,]$$

pour A une formule et y différent de x et n'apparaissant pas dans A. Le principe s'obtient du principe d'induction complète

$$\forall x\, [\forall y\, (y < x \rightarrow Ay) \rightarrow Ax] \rightarrow \forall x\, Ax$$

lui-même déductible du postulat d'induction dans l'arithmétique de Peano

$$\forall x\, [A0 \wedge \forall x\, (Ax \rightarrow ASx)] \rightarrow \forall x\, Ax$$

pour Sx le successeur de x, les variables étant du premier ordre, -- le schéma du second ordre se lit

$$\forall X\, [X0 \wedge \forall y\, (Xy \rightarrow XSy)] \rightarrow \forall y\, Xy$$

pour X une variable du second ordre qui correspond à une propriété ou un sous-ensemble. Par ailleurs, l'opérateur μ de la théorie de la récursion, analogue au principe du plus petit nombre

$$f(x_1, ..., x_n) = \mu y \, (g(x_1, ..., x_n, y) = 0)$$

perd son sens effectif dans le cadre des fonctions récursives générales.

C'est évidemment la présence du quantificateur universel, permettant de passer de « tous » à la totalité des nombres naturels, qui fait problème ici. Si la notion d'ensemble infini est indépendante de la suite des nombres naturels – la preuve de Dedekind ne fait pas d'abord appel à cette suite – le quantificateur universel « totificateur » est responsable du passage à l'arithmétique ensembliste. En effet, l'axiome de l'infini dans la théorie axiomatique des ensembles de Zermelo-Fraenkel (Z-F) se limite à affirmer l'existence de l'ensemble $\mathbb{N}$ des nombres naturels définis par le postulat d'induction

$$\exists x \, [\, \phi \in x \wedge \forall y \, (y \in x \rightarrow y \cup \{y\} \in x) \,]$$

pour ϕ l'ensemble nul et $y \cup \{y\}$ le successeur de y. Par totification, donc, $\mathbb{N}$ devient l'ensemble de tous les entiers (ou ensembles) finis avec $\aleph_0$ pour cardinal et ω pour ordinal. Le principe de l'induction transfinie étend l'induction à tous les ordinaux au-delà de ω et peut s'écrire simplement

$$\forall \sigma \, [\, (\forall t \, (t < \sigma \rightarrow A(t, x)) \rightarrow A(\sigma, x)) \rightarrow \forall \sigma \, A(\sigma, x) \,]$$

pour σ et t des ordinaux et des paramètres x (variables libres); l'induction transfinie pointe donc vers Ω, l'ensemble (inconsistant) de tous les ordinaux. L'infini de la théorie des nombres, d'Euclide à Fermat et à nos jours, a le caractère de l'effini processif, du « toujours plus ». C'est ce « toujours plus » que l'on peut appeler induction effinie.

L'intérêt de la descente infinie vient du fait qu'elle est non pas une induction, mais une réduction ou une récurrence, comme on disait autrefois (la récurrence est cependant identifiée le plus souvent à l'induction). Fermat dit bien que sa méthode peut être positive, c'est-à-dire qu'elle peut permettre de démontrer des énoncés vrais, mais qu'il l'a utilisée surtout pour montrer l'impossibilité de certaines assertions sur les nombres naturels[3]. Descente infinie signifie que la descente

3. Voir le livre de A. Weil *Number Theory. An Approach Through History*, ([103], 124). Weil insiste à juste titre sur l'importance de la méthode de descente infinie en géométrie algébrique contemporaine. On n'a qu'à penser à la théorie des hauteurs, à la notion d'isogénie et aux méthodes effectives associées (cf.

infinie n'est pas possible, il s'agit donc bien d'une réduction finie; cette réduction commence à un n - m (m < n) et s'achève à n - (n - 1). On peut représenter la démarche dans le schéma suivant

n
n-m
n-(n-1)
0

La réduction à zéro (le seul ordinal-limite de l'arithmétique de Fermat) est la descente « finie » pour un énoncé qui est faux pour les nombres naturels.

3.2. Induction effinie et réduction finie

Nous appelons réduction finie la descente infinie. Nous disons réduction en pensant à la théorie de la réduction « lagrangienne » en théorie des nombres; la forme positive de la réduction a été utilisée par Lagrange, Legendre, Gauss dans la théorie des formes quadratiques $ax^2 + 2bxy + cy^2$ où a, b et c sont des entiers. La méthode est générale et est utilisée de nos jours encore en théorie algébrique des nombres. Les résultats les plus généraux concernent la finitude des classes d'équivalence des formes et l'unicité d'une forme réduite équivalente à une forme donnée. La méthode de réduction consiste à trouver le plus petit nombre ou coefficient qui soit représenté par une forme; le nombre de formes réduites qui est le même que le nombre de classes équivalentes est le « nombre de classes ». Il est clair que la procédure de réduction est algébrique, c'est-à-dire dans ce cas, effective.

Fermat n'a pas pensé zéro comme premier ordinal, mais pour nous l'impossibilité de la descente infinie signifie que 0 est un ordinal-limite. Le mouvement ascendant jusqu'à n, nous l'appelons induction effinie. L'induction est dite effinie parce que c'est une suite (représentative d'un procès) avec une borne prépositionnelle, 0, mais sans borne postpositionnelle, la suite est ouverte et nous ne parcourons

---

G. Faltings et alii *Rational Points*, [25], « Effectivity » 223-226, pour se convaincre de la fécondité de la « réduction fermatienne ». Voir J. H. Silverman *The Arithmetic of Elliptic Curves*, [94], pour une discussion de la notion d'effectivité en « géométrie arithmétique ». En réalité on peut penser que la solution du dernier théorème de Fermat devra être constructive, puisque la preuve de Faltings de la conjecture de Mordell revient à l'énoncé que l'équation de Fermat $x^n + y^n = z^n$ pour $n > 2$ a tout au plus un nombre fini de solutions. La détermination d'une borne effective suffirait donc.

qu'un segment initial de la suite. Il n'y a pas de parenté avec l'induction complète (ou mathématique ou infinie) et certainement pas avec l'induction transfinie. Quant à l'induction barrée de Brouwer qu'on peut rapprocher du lemme de König sur l'existence (évidemment non constructive) d'une branche infinie dans tout arbre finiment généré, elle souffre aussi du même problème : le passage à la « totification » de la suite effinie par la quantification. Par ailleurs, la méthode de réduction à l'absurde « reductio ad absurdum » est bien nommée, puisque c'est une méthode effective lorsqu'elle porte sur des énoncés effectifs, c'est-à-dire des théorèmes obtenus par construction. Puisque l'induction ordinaire jusqu'à un n quelconque ne saurait être problématique, il suffit de montrer que la réduction finie (ou réduction à zéro) mène à une contradiction pour établir la vérité d'un théorème qui porte sur les nombres naturels ou *les ensembles finis* de nombres naturels. Ce n'est qu'appliquées à des ensembles infinis que les méthodes de réduction sont non effectives. Remarquons que l'induction ou méthode ordinaire « methodus vulgaris », comme dit Fermat, permet de dériver une infinité de solutions d'un petit nombre de solutions « visibles » ; on pourrait parler de « production » naturelle ici – ce n'est qu'avec la théorie des ensembles qu'on aura une production « surnaturelle ». Enfin, l'induction au sens où on l'employait au temps de Fermat s'apparentait davantage à la vérification expérimentale d'une conjecture universelle; le quantificateur universel a l'effet de transformer une suite effinie en ensemble infini, c'est-à-dire en une totalité infinie complétée, ce qui est illégitime à nos yeux ou d'un point de vue constructiviste[4]. Ainsi, l'expression « pour tous les nombres naturels » signifie un nombre arbitraire n dans le segment initial (de la suite) des nombres naturels dont la borne prépositionnelle est 0 et la borne postpositionnelle est n[5].

La totification à l'aide du quantificateur universel classique est par ailleurs responsable de l'itération ou construction par étages (à chaque ordinal-limite) de la théorie des ensembles. On objectera que la quantification effinie n'est pas suffisante pour capturer le sens du quantificateur classique; c'est là sa force arithmétique, non ensem-

4. Par le constructivisme effinitaire, nous nous écartons des positions finitistes strictes (à la Wittgenstein) ou ultrafinitistes (à la Yessenine-Volpin) qui paraissent impuissantes à rendre compte de la pratique mathématique.

5. On aura compris que prépositionnel veut dire position antérieure ou première et postpositionnel veut dire position postérieure ou dernière. On ne saurait confondre ici avec les infimum et supremum de la théorie des ensembles.

bliste. Le quantificateur effini suffit pour l'arithmétique (de Fermat) et c'est dans ce cadre arithmétique que nous voulons définir la logique formelle. Nous formalisons la règle de l'induction effinie de la façon suivante :

$$\frac{\begin{matrix}[A(a) \in D_n] \\ [A(a) \in D_0] \quad [A\ a \in D_{n+1}]\end{matrix}}{Ɨ x\ A(x)}$$

la conclusion peut aussi s'écrire $Ɨ x \in D_n A(x)$ où les D sont des domaines ou espèces d'attributs, qui peuvent être finis (ce sont alors des ensembles) ou effinis (ce sont alors des suites) On peut formuler le principe d'induction effinie de la façon suivante :

$$Ɨ x_1 ... x_n < [\ A_n(x) \wedge A_{m<n}(x)\ ] \rightarrow Ɨ x_n ... x_1 < [\ A(x)\ ]$$

où < signifie que la suite continue infiniment ou plutôt effiniment et m, n sont évidemment des entiers positifs pour des variables individuelles.

La règle de la réduction à zéro pourrait se formuler de la façon suivante :

$$\frac{\begin{matrix}[A(a) \in D_{n-m}] \\ [A(a) \in D_{n-(n-1)}] \\ [A(a) \in D_n] \quad [A(a) \in D_{n-n}]\end{matrix}}{Ɨ x \neg A(x)}$$

La formulation est symétrique et elle est explicite : on suppose que l'énoncé A est vérifié à D_n et s'il est vérifié à D_{n-m} et à $D_{n-(n-1)}$, alors il est vérifié à D_{n-n} où n-n signifie la descente infinie; d'où l'on conclut que l'énoncé est faux pour tous (effiniment) les nombres naturels $Ɨ x\ A(x)$. En d'autres termes, selon la formulation du principe du plus petit nombre, on aurait

$$\forall x (\forall y (y < x \rightarrow \neg Ay) \rightarrow \neg Ax) \rightarrow \forall x \neg Ax$$

mais cette formulation est ambiguë, puisqu'elle semble faire appel à l'ensemble des nombres naturels en prenant le contre-pied du principe du plus petit nombre. En mots, la descente infinie dit simplement que si l'existence d'une propriété pour un nombre donné n implique l'existence de cette propriété pour un nombre plus petit quelconque, alors cette propriété est possédée par des nombres toujours plus petits que n; donc cette propriété est fausse pour tous les nombres naturels, puisque la descente infinie n'est pas possible, ce qui est garanti par le fait que la suite effinie des nombres naturels à une borne prépositionnelle, soit 0 – la théorie des ensembles aura besoin d'un axiome spécial, régularité ou fondation, pour assurer qu'il n'y a pas de suite descendante infinie $x_0 \ni x_1 \ni x_2 \ni ...$, i.e. l'existence d'un élément minimal. La formulation la plus juste doit donc incorporer l'induction effinie ou ce qu'on peut appeler la descente effinie (sans borne postpositionnelle et avec borne prépositionnelle 0)

$$\text{Ɨ}x \{ [Ax \wedge \exists y\, (y < x)\, Ay] \rightarrow \exists y\ \text{Ɨ}z\, (z < y)\, Az \}$$

qui signifie que si l'existence d'une propriété pour un nombre donné n implique l'existence de cette propriété pour un nombre plus petit quelconque, alors la propriété est possédée par la suite effinie descendante des nombres naturels, ce qui est impossible, donc la propriété est fausse pour tous les nombres naturels «effiniment».

On voit donc que la preuve d'impossibilité de Fermat a une forme purement constructive, qu'elle n'est pas entachée d'imprédicativité, puisque le quantificateur $\text{Ɨ}x\, Ax$ n'est pas infini, il ne porte pas sur une totalité infinie complétée.

Par ailleurs, l'ascension ou l'induction effinie permet de démontrer que si l'équation diophantienne

$$x^2 + y^2 + z^2 = w^2$$

a une solution, elle en a une «effinité» (ou une infinité en termes classiques), c'est-à-dire un nombre n arbitrairement grand de solutions dans les entiers positifs; il y a en effet un nombre n de suites effinies de solutions d'une équation diophantienne de la forme que nous avons donnée, simplement parce que la suite des entiers positifs est effinie ou, en d'autres termes, parce qu'il n'y a pas de plus grand nombre naturel.

Fermat nous dit qu'il peut utiliser sa méthode pour démontrer des assertions, mais que cela est plus difficile : on peut penser qu'il a recours à ce moment-là à la double négation $\neg\, \text{Ɨ}x\, \neg\, A(x) = \exists x\ A(x)$, ayant démontré par descente infinie l'impossibilité de $\text{Ɨ}x\ \neg A(x)$. Remarquons que la double négation n'a rien d'illicite ici puisqu'il s'agit d'un procès fini ou d'un ensemble fini d'énoncés. Ainsi la règle de réduction à zéro nous éclaire sur la signification qu'il faut accorder à la «reductio ad absurdum» ou «voie indirecte». Parfaitement admissible dans le domaine fini – ce que Brouwer reconnaîtra évidemment – elle n'a de sens en réalité que dans le contexte d'une preuve d'impossibilité ici, celle de la descente infinie.

3.3. L'infini chez Euclide et Aristote

La descente infinie est une méthode finitaire parmi d'autres en théorie des nombres, algorithme de division, théorème du reste chinois, les diverses méthodes de crible dont le crible d'Eratosthène qui permet d'obtenir rapidement les nombres premiers en passant au crible les nombres impairs à partir de 3; on raye les multiples de 3, puis les multiples de 5, les multiples de 7 ainsi de suite; les nombres qui ne sont pas rayés et 2 sont les nombres premiers. Mais la descente infinie peut être considérée à juste titre comme la plus forte et la principale technique de démonstration élémentaire, i.e. constructive ou effective; c'est aussi l'une des plus anciennes et bien que Fermat en réclame la paternité, on peut dire qu'il a généralisé la méthode qui se trouve déjà « in nuce » chez Euclide.

On en voudra comme exemple la preuve chez Euclide du théorème suivant : « Tout nombre composé est divisible par un nombre premier »[6]. Par définition, un nombre composé est divisible par deux facteurs, dont l'un doit être premier; si ce dernier n'est pas premier, c'est qu'il est composé et de nouveau on peut le décomposer en nombre composé et premier et ainsi jusqu'à un facteur premier qu'on doit nécessairement trouver puisqu'il n'y a pas de descente infinie dans les nombres ou de suite infinie descendante pour les nombres naturels. Euclide démontre ainsi l'infinité des nombres premiers, la proposition 20 du livre IX des *Eléments* : « Les nombres premiers sont plus nombreux que toute quantité définie de nombres premiers ». Il suffit, pour la preuve, de supposer que la suite

$$p_1 \dots p_k$$

énumère tous les nombres premiers. On forme le nombre

$$n = p_1 \times p_2 \times \dots \times p_k + 1.$$

Par l'argument précédent sur les nombres composés, ce nombre doit avoir un diviseur premier et ce nombre premier doit être différent de tous les p_i, $i = 1, \dots, k$, puisque p_i ne divise pas n (il y a un reste)[7].

---

6. Il s'agit de la proposition 31 du livre VII des *Eléments*, [24].

7. On peut prétendre que le théorème fondamental de l'arithmétique, i.e. tout nombre naturel est représentable de façon canonique par un produit de facteurs premiers était déjà chez Euclide et qu'il était connu de Leibniz, en particulier, qui en fait un usage essentiel dans sa *Characteristica Universalis* où tous les êtres, à commencer par Dieu, se voient assigner un nombre dans une combinatoire intégrale. Cette opinion est confortée par une note importante de H.N. Shapiro dans son livre *Introduction to the Theory of Numbers*, ([91], 43-44).

On voit que la notion d'infini avait un sens tout négatif; on peut même supposer que «*ἄπειρον*» pour les Grecs signifiait l'impossible, ce qui se situe non seulement par-delà la limite *πέρας* mais aussi au-delà de l'expérience *πεῖρα*[8]. On se rappellera que la sphère parménidienne de l'être devrait être finie pour être parfaite. Les arguments de Melissos de Samos, disciple de Parménide, en faveur d'un univers infini ou plus exactement «effini» sont fondés sur une démarche intellectuelle analogue à celle d'Euclide dans sa preuve de l'infinité des nombres premiers, puisqu'ils visent à montrer l'impossibilité de la finitude de l'être. Par ailleurs, la thèse de Szabo[9] qui veut que la méthode axiomatique soit issue des philosophes éléates nous semble plausible. Il est en tout cas certain qu'Euclide et les mathématiciens grecs n'ont pas divergé essentiellement avec les philosophes grecs sur la question de l'infini. La doctrine d'Aristote est à cet égard paradigmatique.

C'est l'idée de l'infini potentiel (*δυνάμει*) par opposé à l'infini actuel *ἐνέργεια* qu'Aristote développe dans le livre III de la *Physique*[10]. Pour Aristote, l'infini signifie l'intraversable, ce qui ne peut être traversé «*ἀδιεξίτητος*» (203b) ou qui a toujours une partie hors de soi; il s'agit de l'infini potentiel : le continu (*συνεχής*), par exemple, est potentiellement infini, parce qu'il est divisible à l'infini, i.e. n'est pas exhaustible. L'infini actuel est rejeté comme impossibilité métaphysique. La divisibilité suppose un acte de division par un esprit qui divise et cette opération doit prendre un temps fini. Dans un vocabulaire qui rappelle celui d'Aristote, Gentzen parlera d'une traversée potentielle de l'infini («ein potentielles Durchlaufen») par une expérience de pensée, dans sa justification de l'induction transfinie. La traversée de Gentzen, dans ce sens, est une impossibilité conceptuelle, puisque l'infini est intraversable. Le temps est lui-même le nombre du changement et il n'est pas possible que le temps existe, s'il n'y a pas d'esprit pour le mesurer. En termes contemporains, qu'on pourrait rapprocher des questions fondationnelles de la mécanique quantique, la question «Le temps existe-t-il sans observateur ?» reçoit une réponse négative chez Aristote. Le continu n'est donc infini que parce qu'il est infiniment divisible et la suite des

8. Les spéculations philologiques n'ont sans doute pas leur place ici, mais l'hypothèse d'une racine sanscrite commune (parvan-) à πέρας et πεῖρα n'est pas exclue.

9. A. Szabo, *Die Anfänge der griechieschen Mathematik*, [97].

10. Aristote, *Physique*, [2].

nombres naturels n'est pas finie, mais croît infiniment ou potentiellement (207b). La doctrine d'Aristote n'est pas éloignée de la théorie intuitionniste et on pourrait facilement réconcilier son point de vue avec la thèse du sujet créateur chez Brouwer ou, plus généralement, avec l'idée d'un agent linguistique constructeur sans lequel les notions de suite (effinie) ou de continu comme procès en devenir (« Prozess im Werden », selon les mots de Brouwer) ne sont pas concevables. Il apparaît clairement en tout cas que l'infini chez Aristote et chez Euclide a le sens d'un « toujours plus » potentiel à l'opposé d'une totalité « déjà achevée », un tout qui par définition n'a pas de parties hors de soi (207a), a donc une limite et est fini, par contraste avec la conception cantorienne.

Ce n'est qu'avec les médiévaux, des philosophes arabes et juifs, Avicenne, Averroès et Maïmonide jusqu'aux chrétiens et catholiques, Thomas d'Aquin et Nicolas de Cuse, que le concept d'infini actuel fera son entrée dans la pensée spéculative et Cantor, on le sait, exploitera abondamment cette source. Disons simplement que l'infini actuel pour Thomas d'Aquin signifie infini en acte, c'est-à-dire « actus purus », « actus essendi » (acte d'être) qu'il identifie à Dieu[11]. Descartes voudra fournir une preuve de l'existence de Dieu en supposant que l'idée d'infini ne peut venir que d'un auteur transcendant[12] et Leibniz comme Spinoza anticipant Cantor, pensera que l'infini dans la nature n'est que le reflet dans la multiplicité infinie des monades de l'infinité d'un Dieu créateur[13]. Bolzano, qui a été le premier à définir la notion d'ensemble infini, recourt aussi à Dieu pour garantir l'infini réel[14].

L'idée d'infini en acte est d'abord apparue en philosophie, avant d'investir l'univers mathématique ; mais si l'on s'en tient à la théorie des nombres ou à l'arithmétique, l'infini doit redescendre du ciel métaphysique et sa course s'arrête dans le fini. Pas plus que la montée

11. Thomas d'Aquin, *Somme Théologique*, [99].

12. R. Descartes, *Méditations métaphysiques*, [17].

13. Leibniz, *Mathematische Schriften*, [72] B.V., 320-328. On pourrait se demander si l'infini mathématique des infinitésimaux trouve une semblable justification chez Leibniz. Avant Gauss, Lagrange et Cauchy, Leibniz dira que les infinitésimaux ne sont qu'une « façon de parler ». Même s'il admet les monades sur le plan métaphysique et l'infinité physique du continuum spatio-temporel, il semble n'accorder qu'un rôle instrumental (syncatégorématique) aux infinitésimaux.

14. Cf. B. Bolzano, *Paradoxien des Unendlichen*, [5] « Es gibt auch ein Unendliches auf dem Gebiete der Wirklichkeit », « Il y a aussi un infini dans le domaine de la réalité ».

au ciel, la descente (aux enfers) n'est infinie. La théorie des nombres nous aura appris que l'infini est réductible finiment et que l'effini est constructible à proprement parler.

3.4. Logique et arithmétique chez Frege

Frege rapproche son entreprise à la fois de celle de Boole et de celle de Peano dans le compte-rendu qu'il écrit du *Formulaire* de Peano [15]; si la formulation de Boole est plus un «calculus ratiocinator» et celle de Peano une «lingua characteristica», sa propre entreprise combine les deux. Il est certain en tout cas que sa logique propositionnelle est isomorphe à un calcul booléen. Ce qu'il dit de la négation [16] ne s'écarte pas de la doctrine booléenne

> La double négation appliquée à un contenu
> de pensée ne change pas la valeur de vérité
> de ce contenu de pensée.

En d'autres termes, $\neg\neg a = a$. On sait que Frege introduit les quantificateurs, mais il le fait dans un esprit ensembliste. La doctrine ruineuse d'un conceptualisme qui voit dans le nombre l'extension d'un concept ou son domaine («Umfang») de validité est la source de la compréhension illimitée du concept de fonction indéterminée ; c'est l'imprédicativité liée au concept d'ensemble ou de totalité indéfinie qui est en faute ici. La notion de parcours de valeurs ou de codomaine d'une fonction souffre de la même indétermination ensembliste, parce que «Umfang» est l'équivalent de la notion d'ensemble. L'arithmétique de Frege [17] était condamnée pour les mêmes raisons ; la définition d'un nombre infini

> Le nombre qui appartient au concept de
> nombre fini est un nombre infini

est équivalent à la définition ensembliste : l'ordinal de l'ensemble des nombres finis est le premier ordinal infini ω.

En partant de la définition : «Le nombre qui appartient au concept F est l'extension du concept *égal au concept F*», Frege peut engendrer la suite des nombres naturels en définissant 0 comme le nombre qui appartient au concept «non identique à soi», 1 comme le nombre qui

15. G. Frege, «Ueber die Begriffsschrift des Herrn Peano und meine Eigene» in *Kleine Schriften*, [30], 227.

16. G. Frege, «Die Verneinung» in *Logische Unterschungen*, [29], 54-71.

17. Nous renvoyons surtout à *Die Grundlagen der Arithmetik*, [28], chap. 79 et ss. C'est l'axiome V des *Grundgesetze der Arithmetik*, [27].

appartient au concept identique à 0, successeur a + 1 devient le nombre de la série des n finissant par a. On peut traduire cette construction de la façon suivante

$$\text{"0"} = 0$$

$$\text{'0'} = 1$$

$$\vdots$$

qu'on retrouvera dans la théorie des types simples de Russell. C'est la définition de nombre infini qui nous intéresse d'abord. La définition est imprédicative puisqu'on peut la traduire : le nombre qui appartient à l'ensemble (ou à la classe) de tous les nombres finis est un nombre infini. Et si l'on traduit littéralement : le nombre qui appartient à l'ensemble des nombres finis est l'ensemble (« Umfang ») des nombres qui est égal à l'ensemble des nombres finis. L'imprédicativité est rédhibitoire et condamne le logicisme à n'être qu'un dérivé conceptualiste de la théorie des ensembles. Il importe, en effet, de bien marquer le caractère englobant, « totifiant » de la notion d'*Umfang* chez Frege, théorie extensionnaliste qui rend possible la coûteuse identification frégéenne de la notion de propriété avec celle d'ensemble : c'est là, pour l'essentiel, l'axiome de compréhension illimitée qui est né de la confusion entre propriété et ensemble (« Umfang »). Russell n'oubliera pas cette leçon, les intuitionnistes; comme Poincaré et Brouwer, n'en avaient guère besoin.

3.5. Wittgenstein et la règle à l'infini

Wittgenstein est revenu constamment sur la question de l'infini en mathématiques et son point de vue pourrait se résumer à cette remarque des *Remarks on the foundations of mathematics.*

> Doit-on éviter le mot « infini » en mathématiques ? Oui, là où il semble attribuer un sens au calcul plutôt que d'en extraire un ([114], 141).

Wittgenstein suppose que le calcul ou l'analyse génère un concept d'infini, celui de la règle qui ne saurait être que la possibilité infinie. Quant à l'infini actuel de l'arithmétique transfinie à la Cantor, il répond à Hilbert qui y voyait un paradis mathématique dans son « Ueber das Unendliche ».

> Si quelqu'un peut y voir un paradis pour mathématiciens, pourquoi quelqu'un d'autre ne pourrait-il y voir une plaisanterie ([114], 264).

La théorie des ensembles cantorienne ne peut être rejetée du revers de la main et Wittgenstein a consacré plusieurs pages à l'analyse de la méthode diagonale ([114], 125-135) pour en montrer les limites et le caractère problématique de la notion de non-dénombrable. Il faut pourtant se garder de traiter tout cela d'« Unsinn » comme est tenté de le faire Wittgenstein, après Kronecker et avant Edward Nelson qui adopte un point de vue apparenté dans son ouvrage *Predicative Arithmetic* [77].

> L'attitude du mathématicien face à ω a été en fait dictée par la foi et la foi en un objet hypothétique que nous avons inventé et auquel nous avons attribué une existence nécessaire et une grandeur infinie, cela s'appelle de l'idôlatrie (80).

Le finitisme strict que l'on a attribué à Wittgenstein (Kreisel) est ambigu. Le concept de fini n'est pas clair et il n'est pas suffisant pour justifier l'arithmétique prédicative. La notion de « surveyable » ou « Uebersehbar » qu'on pourrait traduire par « circonscriptible » ou synoptique – Platon définissait la philosophie comme « *συνοπτική* » (Rsp. 537c) est sans doute plus centrale et je voudrais montrer, à l'aide d'un exemple, comment la conception wittgensteinienne de l'infini comme possibilité est proche du point de vue d'Euclide et par là d'Aristote.

Prenons la théorie des nombres (dont l'analyse est une extension infinitaire). Wittgenstein nous dit dans ses *Philosophical Remarks*.

> La suite infinie des nombres n'est que la possibilité infinie de suites finies de nombres ([112], 164).

La possibilité, c'est la possibilité du symbolisme, c'est-à-dire d'une loi, d'une règle : l'infini est seulement dans la règle et le mot « infini » fait toujours partie d'une règle ([112], 313). C'est la règle à l'infini, *ad inf,* « and so on », etc. qui est la possibilité ([114], 269). L'expansion décimale d'un nombre irrationnel irrégulier, π par exemple, est une technique infinie, mais il ne s'agit pas d'une extension infinie ([114], 279). La technique infinie elle-même se résume au « and so on *ad inf.* » ([110] 1, 229) ». La règle n'est pas une abréviation, une suite abrégée, ([113], 171) c'est le symbole d'une loi, d'un ordre, d'un possible. Mais ce possible est-il réalisé ? Le concept de possible contient celui du temps, d'une suite temporelle et puisque les mathématiques sont intemporelles, le danger nous guette d'actualiser le possible ([111], 466), mais la possibilité infinie du symbole ne renvoie qu'à l'extension finie et c'est ainsi qu'elle la laisse ouverte. J'ai défini ailleurs la notion de suite effinie; i.e. une suite qui a une borne prépositionnelle comme 0 ou 1, mais pas de borne postpositionnelle comme ω. Le concept de suite infiniment processive de Brouwer ou la notion d'infini potentiel correspondent *grosso modo* à la notion de suite effinie. J'ai aussi introduit un quantificateur effini Ɨx Px pour quantifier universellement sur une suite effinie. Encore ici, Wittgenstein a marqué la différence entre classe finie et classe infinie ([111], 464) et a reconnu que le quantificateur universel correspondait à une totification, où « tous » devient « tout », et ne pouvait donc s'appliquer à ce que j'ai appelé une suite effinie, e.g. la suite des nombres naturels ([112], 148). Wittgenstein accusait Russell d'avoir ignoré la distinction et réclamait un nouveau quantificateur « effini ».

Si l'infini processif n'est qu'un signe disons ∞, il se réduit à sa syntaxe et à l'usage que nous pouvons en faire. La possibilité mathématique est celle du « on peut ». Poincaré [3] définissait l'infini par ces mots.

> Tous les nombres que l'on pourra inventer un jour... et c'est ce l'« on pourra » qui est l'infini.

Pour Wittgenstein, les mathématiques sont une invention et les règles sont des préceptes pour manipuler ces inventions ([114], 136). L'infini n'a pas d'autre sens que celui du procès ; le procès est indiqué par le symbole qui décrit la règle et la règle *ad infinitum* dit simplement que la règle signifie finitairement « à l'infini ». J'exprimerai ce précepte en utilisant, par exemple, le symbole Sx pour décrire la fonction de successeur.

Ɨx (Sx = x+1)

Le symbole Ɨ x réfère à une suite effinie, non à une totalité infinie. La règle à l'infini implique une application de la règle à l'infini. Le segment initial de la suite effinie des entiers naturels n'est que la partie visible de rails effinis ([110], 218) qui ne sont que l'expression de l'application possible de la formule.

On le voit, il s'agit bien d'un constructivisme de l'agent linguistique constructeur qui reconnaît et applique des règles dans sa pratique. Dans la pratique mathématique, ces règles sont en général canoniques et les praticiens s'entendent sur leur usage.

Ce qui importe, c'est que nous avons à faire à des pratiques de construction ou d'invention.

Voyons maintenant comment pensait Aristote. Pour Aristote, l'infini signifie l'intraversable, comme nous l'avons vu dans le chapitre 3.3. et la traversée que Gentzen a voulu faire avec son induction transfinie n'est qu'un «Gedankenexperiment» impraticable, puisque l'infini est intraversable. Les expériences de pensée de Wittgenstein sont plus pratiques, on l'a vu.

Euclide, pour sa part, ne défend pas une idée de l'infini différente de la conception aristotélicienne. Reprenons rapidement de 3.3. L'infinité des nombres premiers est démontrée dans le livre IX des *Éléments* «Les nombres premiers sont plus nombreux que toute quantité définie de nombres premiers», la preuve est constructive. Le théorème qui assure que tout nombre composé est divisible par un nombre premier est aussi constructif : par définition, un nombre composé est divisible par deux facteurs, dont l'un doit être premier ; si ce dernier n'est pas premier, c'est qu'il est composé et de nouveau on peut le décomposer en nombre composé et premier et ainsi jusqu'à un facteur premier qu'on doit nécessairement trouver, puisqu'il n'y a pas de descente infinie ou de suite descendante infinie dans les nombres naturels. C'est là la descente infinie de Fermat, qu'on trouve *in nuce* chez Euclide. Crispin Wright utilise précisément cet exemple dans son ([5], 138-139) pour mettre en doute la thèse wittgensteinienne du caractère synoptique («surveyability») de la preuve. Or la descente infinie, qui est en réalité finie, a ce caractère et on peut même imposer une borne logarithmique à n ! + 1 de sorte que la descente devient élémentairement computable, comme l'on dit maintenant. Il est manifeste que la descente infinie bornée ou le principe du plus petit nombre borné rendent justice à la notion d'*Uebersehbarkeit*.

Je conclurai par quelques remarques sur la philosophie des mathématiques de Wittgenstein.

L'infini n'est pas une grandeur ou une quantité ([112], 157) et l'idée d'un choix ou d'une décision comme dans l'axiome du choix ([112], 167) ne peut être que celle d'une règle. Règle veut dire régularité, loi, identité, répétition. La force de la règle, c'est qu'elle est contraignante ([110], 231).

Mais la règle est une institution, une coutume, les règles engendrent des pratiques et des comportements et dans la pratique mathématique, en vertu même des us et coutumes de la tribu des mathématiciens (au sens de la théorie des probabilités), la certitude de la règle se suffit à elle-même. La « Sicherung » ou certification que Hilbert réclamait pour sa théorie des preuves finitaire est du même ordre que le contenu synoptique de la règle. Wittgenstein a recours très souvent à des exemples géométriques qui permettent de visualiser ou de concrétiser le sens optique de ses expériences de pensée qui sont autant de variations eidétiques sur des thèmes récurrents. Mais, Wittgenstein lui-même le reconnaîtrait, l'espace des constructions mathématiques est indéfiniment extensible. C'est un horizon récessible, pour reprendre la métaphore optique. Wittgenstein a produit une analyse fondationnelle de la pratique mathématique élémentaire. On peut lui reprocher de ne pas s'intéresser à la pratique des mathématiques supérieures, comme Kreisel le fait, par exemple. Je n'en veux que pour seul exemple le théorème sur la distribution des nombres premiers. La discussion que l'on trouve dans tout l'œuvre de Wittgenstein et de ses commentateurs est navrante à plus d'un égard. Wittgenstein ne pouvait prévoir – ou l'aurait-il pu – que le théorème serait démontré constructivement – en utilisant des bornes logarithmiques – par Selberg et Erdös en 1949. Gauss a été le premier à conjecturer.

$$\lim_{x \to \infty} \frac{\pi(x)}{x / \log x} = 1$$

où $\pi(x)$ représente le nombre de nombres premiers inférieurs à x, mais c'est seulement en 1896 que Hadamard et de la Vallée Poussin ont réussi à démontrer le théorème en utilisant des méthodes analytiques ou transcendantes. Mais Wittgenstein eût pu connaître et utiliser les travaux de Hardy et Ingham sur la question. Il n'y en pas de trace dans ses écrits. Ici Wittgenstein, pourrait-on dire, a manqué de profondeur. C'est peut-être là l'explication de ses réticences révisionnistes, comme dirait Bouveresse [7]. Wittgenstein n'a pas osé. A l'opposé, on ne peut, comme Shanker [90] prétendre que Wittgenstein a anticipé en quelque sorte des résultats comme celui du problème des quatre couleurs. « Uebersehen » veut aussi dire passer outre, ne pas voir. Wittgenstein n'a pas tout vu.

Malgré cela, Wittgenstein a suffisamment vu pour assurer une analyse fondationnelle externe qui est radicale. Son analyse est asceptique, quoi qu'en veuille Kripke. Nos pratiques, dans leur multiplicité, sont arbitraires, mais c'est cette multiplicité qui accouche de l'ordre, de la régularité, de la loi, de la règle. Et c'est uniquement dans la règle, ordre né du chaos de nos pratiques, que le nécessaire naît librement de notre langage.

3.6. Le constructivisme de Hermann Weyl[18]

Weyl[19] défend l'idée d'une logique interne ([109], 450). Quine ([85], 102) veut que la logique serve tous les usagers; c'est là la logique externe que j'identifie à la logique classique, booléenne et bivalente; la logique classique est une logique parmi d'autres et il n'est pas sûr qu'elle soit adaptée aux besoins des clients mathématiciens, quoi qu'en veuille Quine. Même les mathématiques classiques ne sont pas entièrement sujettes à la logique externe. On peut montrer en tout cas que les procédures strictes (« engeres Verfahren », selon l'expression de Weyl) en logique et en mathématiques relèvent d'une logique interne et s'accordent avec un constructivisme que je qualifierai de local ou d'interne.

Je reprends Quine à propos du constructivisme de Weyl ([85], 88).

> Mais on peut pratiquer et même prêcher le constructivisme à un très haut degré sans adopter la logique intuitionniste. La théorie des ensembles constructive de Weyl est presque contemporaine de l'intuitionnisme de Brouwer et elle utilise une logique ortho-

18. Cf. Y. Gauthier « Constructivity and the Internal Logic of Mathematics. Hermann Weyl's Constructivism », [40]. On consultera aussi l'article de Ulrich Majer « Zu einer bemerkenswerten Differenz zwischen Brouwer und Weyl » [40], pp. 543-551 où l'auteur montre comment Weyl rejetait le tiers exclu pour les jugements mathématiques concrets, mais le conservait pour des pseudo-jugements (« Urteilsabstrakte ») ou jugements hypothétiques comportant la quantification sur des suites infinies.

19. Weyl donne ici crédit à Brouwer: « Ich glaube, für diese Erkenntnis der Grenzen des inhaltlichen Denkens sind wir ihm [Brouwer] alle zu Danke verplichtet » ([109], III, 147), « Je crois que pour la détermination des limites de la logique [pensée] interne, nous lui (Brouwer) sommes tous redevables ».

> doxe; elle ne devient constructiviste que dans les axiomes sur l'existence des ensembles. Dans cette démarche, les scrupules constructivistes font bon ménage avec les avantages et la beauté de la logique classique.

Il va sans dire qu'à part d'être anachronique, puisque Brouwer n'est pas le premier intuitionniste, le jugement de Quine est hors cible. Ce que Quine avait sans doute dans l'esprit, c'est que Weyl ne mentionne pas le principe de tiers exclu dans son *Das Kontinuum* [104]; mais ce qu'il faut dire ici, c'est que Weyl n'avait guère besoin du principe du tiers exclu dans son «engeres Verfahren», parce qu'il utilise un principe équivalent de décidabilité pour ensembles finis (et dénombrables) en excluant les ensembles transfinis ([104], 19).

> Il n'y a pas naturellement de raison de supposer qu'un sous-ensemble dénombrable doive se trouver dans tout ensemble infini.

Il est clair que dans la perspective de Weyl, seules les catégories fondamentales des nombres naturels et rationnels peuvent être considérées individuellement et que le procès d'itération au-delà de ces catégories fondamentales doit rester ouvert, e.g. le cas des fonctions continues qui requièrent une itération dans le transfini par opposition aux cas finis («in Gegensatz zu der Entscheidung in aller *finiten* Fragen») ([104], 66). La procédure étroite elle-même («das engere Verfahren») se limitait aux catégories fondamentales des individus, plus leurs propriétés et leurs relations : les individus sont donnés dans l'intuition et les jugements élémentaires leur confèrent l'existence dans le sens où les énoncés existentiels doivent référer à un individu défini. L'existence est constructive et les théorèmes d'existence n'ont de sens que dans les cas finis où l'on *exhibe* l'objet construit, c'est-à-dire où l'on montre comment l'engendrer.

Weyl partageait, bien entendu, le point de vue de Brouwer sur le continu comme «Prozess im Werden».

> Il est en tout cas insensé de considérer le continu comme du «déjà fait» ([109], II, 173)

Mais plutôt que de raccorder le constructivisme de Weyl avec l'intuitionnisme de Brouwer ou avec les philosophies de Kant et de Husserl de qui il se rapproche considérablement à certains moments, je préfère suivre Weyl dans les méandres de «sa» logique interne. Remarquons simplement que Weyl n'a pas toujours suivi Brouwer ([109], III, 707)[20].

> Il semble certain que a → ¬¬a [il y a une faute d'impression dans le texte qui dit plutôt ¬¬a → a], mais la converse est douteuse

et il enchaîne

> Ce qui constitue l'absurdité d'un énoncé dépend de la nature de ¬a et je ne vois pas comment on peut être sûr de la signification de ¬a pour tout énoncé a qui fait sens.

Ce passage semble indiquer que Weyl s'attaque au principe brouwerien de la réciprocité de la complémentarité que nous avons vu (chap. 1.3) et à la notion de propriété essentiellement négative ([8], 478). Mais Weyl n'a pas toujours été un constructiviste strict après *Das Kontinuum*.

Prenons le cas des travaux de Weyl en théorie des groupes. Si Weyl insiste sur l'utilisation restreinte du quantificateur existentiel en rejetant l'existentialisme mathématique (« Mathematisches Existentialismus »), comme il dit ([109] IV, 534) :

> Chaque fois que tu peux régler une question à l'aide de moyens constructifs, ne te contente pas de pures hypothèses d'existence

il recourt librement aux méthodes non constructives dans *Theorie der Darstellung kontinuirlicher halbeinfacher Gruppen durch lineare Transformationen* [109]. Dans ce travail célèbre, Weyl s'appuyant sur des résultats de Cartan et la représentation régulière des groupes de Frobenius livre d'un seul coup toutes les représentations irréductibles de groupes semi-simples continus. Dans sa preuve, Weyl suppose sans aucun scrupule constructiviste que l'espace de toutes les fonctions continues univalentes est donné (cet espace n'est donc pas ouvert ou potentiel comme le réclamait *Das Kontinuum*). Weyl avoue ([109], 64) que

> C'est la méthode de construction libre, transcendante qui est la voie naturelle et qu'on peut pratiquer sans distinction de cas ([109], II, 64).

20. C. Chevalley et A. Weil écrivent sardoniquement: « Il s'abandonna un moment à l'intuitionnisme brouwerien » *L'enseignement mathématique*, [14].

Bien que C. Chevalley et A. Weil ([109], vol. IV, 681) soutiennent que l'ouvrage *The Classical Groups. Their Invariants and Representations* [107] a été écrit dans un esprit différent, Weyl réaffirme sa foi dans les méthodes analytiques

> Ainsi, après avoir payé leur tribut aux vérifications algébriques de toutes sortes, je suis toujours convaincu à l'encontre du puritanisme que l'approche analytique est la moins artificielle, la plus révélatrice et la plus adaptée à notre programme : résoudre des problèmes concrets au moyen d'idées générales qui éclairent un domaine de faits mathématiques beaucoup plus vaste que celui qui était d'abord visé.
>
> ([107], 216)

Il existe maintenant des preuves constructives ou des vérifications algébriques, comme dit Weyl, de ces résultats, mais il demeure que Weyl s'est departi du carcan constructiviste dans sa pratique. S'il en est bien ainsi en théorie des groupes, il en va autrement en théorie des nombres. Dans un texte écrit en collaboration avec R.D. James sur « Elementary note on prime number problems of Vinogradoff's type », ([109], vol. IV, 971), Weyl commente ainsi les résultats de van der Corput

> Mais puisqu'il n'énonce que des théorèmes d'existence une description complète des conditions asymptotiques devrait contribuer à « mettre de l'ordre dans la maison »[21].

Et encore dans son texte « Elementary proof of a minimax theorem due to von Neumann » ([109], IV, 457) Weyl définit clairement les méthodes élémentaires par rapport aux méthodes analytiques ou transcendantes en théorie des nombres

> Les opérations considérées comme élémentaires dans un corps ordonné K ne requièrent que l'addition, la multiplication, la division et la décidabilité pour tout nombre, à savoir s'il est plus grand, égal ou plus petit que 0.

21. La situation asymptotique dont il est question ici renvoie à la formule asymptotique de Vinogradov pour la décomposition d'un grand entier en trois nombres premiers. Voir aussi ([109], II, 451) et ([109], IV, 534).

> La décidabilité d'un ensemble de nombres est élémentaire uniquement dans le cas fini où l'on produit les membres de l'ensemble un à un.

La contribution de Hermann Weyl à la théorie des nombres n'est pas comparable à ses travaux en théorie des groupes, mais il est significatif qu'en dépit de sa foi dans les méthodes générales, Weyl met l'accent sur les exigences fortes des procédures constructives, comme si les disciplines mathématiques possédaient des logiques différentes. Que la logique soit interne à un discours mathématique (ou non mathématique) particulier, c'est ce que semble soutenir Weyl qui rejette l'idée d'une logique universelle *a priori* qui serait sans doute la logique classique booléenne.

> Tout champ du savoir, en se cristallisant en théorie formelle, semble porteur d'une logique intrinsèque qui fait partie du système symbolique du formalisme; cette logique, en termes généraux, varie selon les divers champs du savoir.
>
> ([109], III, 705)

Il n'est peut-être pas inutile de remarquer que Weyl pensait à la logique quantique ou la logique de la mécanique quantique. Et c'est Weyl qui a introduit systématiquement la théorie des groupes en mécanique quantique dans *Gruppentheorie und Quantenmechanik* [106].

On sait que le thème récurrent de son *Philosophy of Mathematics and Natural Science* [108] est la construction symbolique du monde et qu'il a voulu unifier mathématique et physique

> On doit envisager une mathématique véritablement réaliste, selon le modèle de la physique, comme un des volets de la construction théorique d'un monde réel unique; cette mathématique devrait avoir la même sobriété et la même vigilance que la physique à l'égard de ses fondements et de leurs extensions possibles.
>
> ([108], 235)

On n'a qu'à se rappeler que pour Weyl il y a interpénétration de la philosophie, des mathématiques et de la physique – voir sa préface à la première édition de *Raum, Zeit, Materie* [105] – pour se convaincre de la fécondité d'un point de vue qui a privilégié les dimensions constructives du savoir.

Le constructivisme mathématique de Weyl est repris avec d'autres moyens – en particulier les « Sprachschichten » ou strates de langage – par Paul Lorenzen, mais son constructivisme tout court déborde largement le cadre d'une logique dialogique, qui d'ailleurs n'est pas d'obédience strictement constructiviste. A. Grzegorczyk a, d'autre part, formulé les linéaments d'une analyse élémentairement définissable au sens de Weyl. Mais c'est peut-être dans le sens d'une logique interne du discours mathématique, physique et scientifique en général qu'il faut chercher l'inspiration la plus sûre de Hermann Weyl. Et c'est en cherchant à définir cette logique interne des discours qu'on se tient au plus près de la construction du savoir.

3.7. Une théorie de la négation et de la complémentation locale*

Les questions fondationnelles en logique et en mathématiques (ou encore en physique), les questions de fond et de fondements sont-elles des questions qui relèvent de la foi ou de la croyance ou des questions susceptibles d'analyse rigoureuse et philosophiquement décidables ? C'est cette interrogation que je veux développer et à laquelle j'apporterai une réponse personnelle.

Le praticien d'une discipline s'en remet très souvent à des intuitions vagues, je serais tenté de dire à des « feelings » en ce qui touche les fondements de sa discipline. J'en veux pour seul exemple un ouvrage récent sur la théorie des ensembles *Set Theory* de Kenneth Kunen[22]. Pour lui, il s'agit de croire aux ensembles infinis et le point de vue platonicien qui donne accès au paradis cantorien lui apparaît comme étant le plus simple et le plus fructueux sur le plan pédagogique. Cette solution de facilité est partagée par un grand nombre de logiciens et de mathématiciens. Je ne la partage pas et je veux dire pourquoi. Pour le constructiviste, et j'en suis un, il est

---

* Ce texte a fait l'objet d'une conférence au Collège de France en avril 1982 et a été publié dans la revue *Dialogue* XXII (1983), Montréal, 57-67. On en trouvera une version plus élaborée dans «A Theory of Local Negation. The Model and Some Applications» [38].

22. Cf. K. Kunen, [69].

nécessaire d'analyser le procès de génération des concepts logiques et mathématiques avant de les admettre comme objets du discours mathématique ou logique. L'idée de la métamathématique hilbertienne était essentiellement de produire un discours fini, un système formel ou une métathéorie finitaire pour démontrer la non-contradiction d'une théorie qui accueillait les infinités sans leur demander de droits d'entrée, l'analyse classique. Hilbert s'en tirait à bon compte en reléguant ces éléments idéaux, « Ideale Elemente », comme il les appelait, dans l'arrière-chambre des mathématiques, une fois la métathéorie achevée ; la théorie des démonstrations insistait sur le caractère fini des preuves, mais ne proposait pas d'analyse philosophique de la notion de preuve, comme l'a remarqué Kreisel. La critique fondationnelle fait appel à des moyens philosophiques, logiques et mathématiques pour élaborer une telle analyse. Je ne résumerai pas les travaux déjà faits sur les concepts de la logique et des mathématiques classiques, la distinction entre preuves transcendantes et preuves arithmétiques en théorie des nombres, la version constructiviste de l'analyse, etc... Je veux plutôt porter mon attention sur deux notions, celle d'infini et celle de négation ; c'est cette dernière notion que je voudrais « formaliser » davantage.

On peut bien exalter certains résultats de la logique mathématique, comme l'a fait récemment Jean Dieudonné dans *Penser les mathématiques*[23], mais il faut, je pense, les replacer dans une juste perspective. Si on peut se limiter aux espaces métrisables et séparables, c'est-à-dire des espaces topologiques généraux pour une bonne partie des mathématiques, comme l'indique Dieudonné, sans avoir à recourir à l'axiome fort du choix (on se contente souvent de l'axiome du choix dépendant), on oublie trop facilement, que par exemple, les résultats spectaculaires de Solovay « tout sous-ensemble de la droite réelle est mesurable au sens de Lebesgue » ou de Martin pour l'axiome de détermination (determinacy) plus fort que l'axiome du choix font appel à des méthodes qui ne sont et ne peuvent être qu'objets de croyance dans la plupart des cas. Solovay suppose l'existence d'un cardinal fortement inaccessible, alors que l'axiome de détermination implique l'existence d'un cardinal mesurable qui n'est même pas compatible (consistance relative) avec la théorie axiomatique des ensembles de Zermelo-Fraenkel et entraîne la négation de l'axiome de constructibilité V = L qui semble pourtant un axiome « naturel » de la

23. Cf. J. Dieudonné, *Penser les mathématiques*, [19].

théorie des ensembles (constructible ici encore n'a pas de sens constructif, puisque les ordinaux sont définis imprédicativement ou arbitrairement dans la hiérarchie constructible). Il n'est pas étonnant que les praticiens eux-mêmes fassent montre d'un scepticisme grandissant[24]. L'attitude fondationnelle d'un Gödel qui voulait justifier l'existence d'axiomes forts d'infinité par l'importance de leurs conséquences[25] ne saurait légitimer une perspective qui se donne au point de départ un plérome mathématique pour ensuite en tirer des fragments qui apparaîtront comme les émissions d'un ciel d'idéalités.

J'en viens maintenant à la négation. Il n'est pas exagéré de dire que la négation a été le problème le plus négligé de la philosophie de la logique, de Platon et Aristote jusqu'à Frege et Wittgenstein. Ce que j'appelle négation locale n'a pas de commune mesure avec la négation globale, booléenne ou encore classique. J'oppose la négation locale ou relative à la négation globale ou absolue parce que cette dernière ressort à la métaphysique, c'est-à-dire à une théorie générale de noms inassignables et non à l'analyse d'une pratique et à la critique fondationnelle. Ce que j'appelle «négation locale» relève d'une interprétation constructiviste des connecteurs et des quantificateurs logiques, interprétation que je qualifie de domaniale[26]. L'idée centrale est la définition de l'univers logique comme multiplicité («Mannigfaltigkeit») de domaines discursifs D d'assertion et de négation. Nous pouvons distinguer dans ce contexte trois espèces de négation : lorsque le domaine d'assertion D est clos et son extérieur E (que nous définissons plus loin) est aussi clos, nous avons la négation booléenne (ou complémentaire), lorsque le domaine d'assertion D est clos et son extérieur E ouvert, la négation est relative (ou intuitionniste) et lorsque le domaine d'assertion D est ouvert et son extérieur E est aussi ouvert, la négation est locale (le cas où le domaine d'assertion D est ouvert et son extérieur E clos est exclu). Pour fixer les idées, définissons les concepts suivants :

Définition 0.1 : un domaine d'assertion D est le lieu logique des énoncés «assertifs».

Remarque : D n'est pas un ensemble en général

24. Cf. Y. Moschovakis, *Descriptive Set Theory,* [74].

25. Rappelons que Russell pensait à la même justification pour son axiome de réductibilité auquel il a finalement renoncé.

26. Cf. Y. Gauthier, [32] et [38].

Définition 0.2 : l'extérieur E d'un domaine d'assertion est le lieu logique des énoncés négatifs ou niés.

Remarque : E est défini ici par contraste avec la notion d'intérieur en topologie mais ne s'identifie pas à la notion de voisinage; la même remarque vaut pour les notions d'ouverture et de clôture[27].

Remarque générale : dans ce qui suit, le vocabulaire logique et mathématique est expliqué, lorsqu'il n'est pas usuel.

Pour cerner la négation locale, interprétons les connecteurs et les quantificateurs dans le contexte domanial : une assertion a est toujours relative à un domaine D, ce que nous écrivons $a \in D$[28]; $a \wedge b$ signifie que : $a \in D$ et que $b \in D$; $a \vee b$ signifie que $a \in D$ ou que $b \in D$, $\neg a$ (la négation de a) signifie que $a \in E$, $a \to b$ signifie que $a \in D$ ou que b contient a dans un sens local, $\exists x\, Ax$ signifie qu'il y a au moins un a dans D et $\forall x\, Ax$ signifie que l'assertion A couvre tout le domaine D (pour D clos); lorsque D est ouvert, la frontière H est définie comme l'ensemble des voisinages qui intersectent à la fois A et $\neg A$. Pour D et E clos, nous avons le théorème suivant :

Théorème 0.3 : $E = \neg D \cup H(D)$

Preuve : L'extérieur de D étant clos, D ne peut être ouvert (puisque D est enfermé dans E). L'extérieur s'identifie donc ici au complément relatif D-a; $\neg a$ signifiant que $a \in E$, nous avons $E(a) = D(\neg a) - H(D(\neg a))$; par ailleurs la clôture – au sens topologique – de D, i.e. D, entraîne $H(D(\neg a) = \neg a \cap (D-a)^-$, d'où $\neg a = \neg a \cup H(D(\neg a))$ et $E(\neg a) = (D(a)) \cup H(D(a))$ et $D(a) = E(\neg a) - H(E(\neg a))$, d'où par transformation $E(a) = D(\neg a)) \cup H(D(\neg a))$ qui est la même chose que $E = \neg D \cup H(D)$.

Le cas de la négation relative se rapproche de l'interprétation intuitionniste de la négation; on a $\neg a$ s'il est absurde d'avoir a, i.e. si

27. On le verra plus loin, un domaine clos est fini, alors qu'un domaine ouvert est non fini ou effini.

28. Pour fins de simplicité, j'utilise le symbole usuel d'appartenance ensembliste bien que les domaines ne soient pas des ensembles, mais des espèces de propriétés (au sens intuitionniste).

$a \rightarrow 1 = 0$. Veldman et de Swart ont récemment[29] proposé une interprétation positive de la négation intuitionniste dans leur sémantique « explosive » pour obtenir une preuve de complétude intuitionniste pour la logique intuitionniste des prédicats du 1er ordre. On sait que Beth avait pensé erronément pouvoir obtenir une telle preuve à l'aide de sa méthode des arbres de dérivations. Les critiques de Kreisel et les objections de Gödel à l'encontre d'une telle preuve suggèrent qu'elle n'est pas possible. Kreisel, s'inspirant d'un résultat de Mostowski, a donné une preuve de la non-énumérabilité effective des formules valides – dans les nombres naturels avec suites régulières – de la logique intuitionniste des prédicats du 1er ordre : la complétude forte exigerait que

$$\neg\neg \exists_x A(x) \rightarrow \exists_x A(x)$$

alors que la complétude faible n'exige que

$$\vdash \leftrightarrow \models$$

i.e. que prouvabilité égale validité. L'idée de Veldman sera d'utiliser un modèle de Kripke généralisé $M = <\Omega_M, <, V>$ (pour de Swart, ce sera un modèle de Beth généralisé $M = <T_M, <, \phi>$; « modèle généralisé » signifie seulement qu'on y introduit une interprétation positive de la négation). Alors que dans un modèle de Kripke, on avait pour les moments α la formule

$$M \models_{\alpha \in \Omega} \neg A \rightarrow (M \not\models_{S\alpha \in \Omega} A \rightarrow V_\alpha(\perp) = \phi)$$

pour tous les successeurs de α, on a chez Veldman

$$M \models_{\alpha \in \Omega} \neg A \rightarrow (M \models_{S\alpha \in \Omega} A \rightarrow V_\alpha(\perp) \neq \phi)$$

dont l'interprétation pourrait se lire comme suit : « La formule $\neg A$ est valide à α, si tous les successeurs de α où A est valide explosent ». Cette formulation remplace l'interprétation de Kripke : « La formule $\neg A$ est valide à α, si A n'est pas valide pour tous les successeurs (non explosifs) de α ». On a donc pour $M \models \neg A$ ($\neg A = A \rightarrow f$), si $M \models A$, alors $M \models f$ qui se substitue à (non $M \models A$) ou (si $M \models A$, alors $1 = 0$).

On peut formuler plusieurs critiques à l'endroit de cette sémantique des points explosifs ou malades. Dummett[30] récuse la preuve de complétude en disant que l'interprétation de la négation intuitionniste

29. H. De Swart, « Another Intuitionistic Completeness Proof », [18]. La preuve originale de Veldman a été publiée dans *The Journal of Symbolic Logic*, vol. 41, n° 1 (1976), 159-166.

30. Cf. M. Dummett, *Elements of Intuitionism*, [21].

n'est pas canonique. Troelstra[31], pour sa part, remarque qu'on réintroduit subrepticement le tiers exclu puisqu'une forme valide est ou bien dans un modèle de Beth ou bien dans un modèle de Beth généralisé, c'est-à-dire un modèle de Beth qui contient des formules inconsistantes. On peut encore ajouter que dans une perspective intuitionniste le procès effini du déploiement universel entraîne l'incomplétude pour la simple raison qu'on ne peut décider pour toutes les formules à quel modèle elles appartiennent, le procès étant ouvert. Quoi qu'il en soit, le concept de négation locale semble plus près de l'intention intuitionniste. Nous passons maintenant à la discussion du système formel.

3.8. Le système formel d'une logique locale

Le système formel d'une logique locale diffère du système formel de la logique intuitionniste dans la mesure ou il vise à codifier les concepts locaux de négation, implication et quantification. Les règles du système formel sont donc des règles de localisation. Ainsi pour $\neg a$, la négation locale de A (formule atomique) signifie que A n'est pas valide localement ou dans un domaine local, ce que l'on écrit $A \overset{loc}{\rightarrow} \bot$ pour $\bot$ le signe de l'absurdité, e.g. $\bot \overset{loc}{\rightarrow} \neg a$, $\bot \overset{loc}{\rightarrow} A$, $A \wedge \neg A \overset{loc}{\rightarrow} \bot$.

Remarque: Tous les énoncés et leurs négations étant locaux, l'implication doit être conçue comme chemin topologique, i.e. $A \rightarrow B$ sont les deux extrémités d'un arc ou d'un chemin dans un espace localement connexe[32]. René Thom a soulevé (au cours d'une discussion) le cas d'un espace où les deux extrémités de l'arc coïncident, i.e. le cas d'une boucle ou d'un chemin fermé; on a alors la dérivation suivante :

$$A \rightarrow B$$

31. Cf. A.S. Troelstra, *Choice Sequences*, [101].

32. Dans ce contexte, un domaine est un ouvert connexe et l'interpétation est évidemment non standard – l'interpétation standard ou arithmétique exige la représentation exponentielle dans le domaine des suites d'entiers positifs ou pour les énoncés négatifs dans le domaine des suites d'entiers négatifs, la relation de superposition servant à ordonner les domaines et le signe de différence à les séparer (non-connexité) ; c'est donc une véritable représentation polynomiale des constantes logiques qui définit la logique artihmétique. Nous exigeons toujours l'induction limitée par des bornes logarithmiques ou effectives avec des fonctions élémentairement calculables et de bonnes estimations de grandeur.

$$\frac{B = A}{A \to A}$$

Voici quelques-unes des conséquences du caractère local de la négation

a) $\neg\neg p \not\to p$, $p \not\to \neg\neg p$

b) $(\neg q \to \neg p) \not\to (p \to q)$

c) $(p \to q) \not\to (\neg q \to \neg p)$.

Le cas b) est déjà acquis dans l'intuitionnisme, le cas c) découle du cas a. Le fait que $\neg\neg p \not\to p$ tient au rejet du tiers exclu en logique intuitionniste ; on a $p \not\to \neg\neg p$ dans la théorie de la logique locale simplement parce qu'il n'y a pas de symétrie entre une assertion a dans un domaine D et la double négation de a, i.e. D (a) ≠ D ($\neg\neg$a), sauf dans le cas dual ou booléen (fini). La négation elle-même n'est pas symétrique à ses différents niveaux D ($\neg$a) < D ($\neg\neg$a) ou encore E (a) < E ($\neg$a) pour l'extérieur E du domaine D. Remarquons de nouveau que l'asymétrie est liée au fait que le domaine D et son extérieur E sont ouverts pour les suites effinies.

Le quantificateur effini ne s'applique qu'aux suites, le quantificateur universel étant réservé aux ensembles (finis). Ɨx Px doit se lire « pour tous les x effiniment », c'est-à-dire pour tous les membres d'une suite processive potentiellement infinie. Ni $\neg$x $\neg$Px → Ɨx Px, ni $\neg$Ɨx $\neg$Px → ∃x Px ne sont valides dans ce contexte, comme on le voit immédiatement dans le théorème précédent – sauf dans le cas booléen, mais le quantificateur effini ne s'y applique pas. Le quantificateur existentiel a le même sens que dans l'intuitionnisme, il n'admet que des instances numériques, i.e. pour affirmer ∃x Px, il faut produire une instance P(n) qui vérifie ∃x Px. La disjonction locale a aussi les mêmes règles que dans l'intuitionnisme. En vertu du caractère local des domaines d'assertions et de leurs extérieurs, tautologie et contradiction sont locales. Pour la suite des entiers naturels nous avons Nat $=_d$ le procès ou la suite effinie des entiers naturels avec la règle d'induction effinie pour les domaines locaux

$$\frac{A(a) \in D_o \quad \begin{matrix}[A(a) \in D_n] \\ A(a) \in D_{n+1}\end{matrix}}{Ɨx\ A(x)}$$

en sous-entendant que A(x) est vraie pour la suite effinie des domaines locaux, i.e. Ɨx ∈ D_n (A(x)). Remarquons que les fonctions récursives primitives et les fonctions récursives générales sont toutes des procès pour nous ; par exemple, nous écrivons

$$\text{Ɨ}\, x\, (Sx = x + 1)$$

ce qui signifie que le procès défini par la fonction de successeur est effini. Les règles de déduction s'accordent avec la conception de la déduction naturelle de Gentzen, dans la mesure où les règles décrivent (en l'abrégeant) la signification opérationnelle ou la syntaxe des constantes logiques. Cette syntaxe est de nature arithmétique et le modèle arithmétique en est peut-être la meilleure illustration.

3.9. Le modèle arithmétique

Pour la notion de négation locale; la notion de modèle que nous retenons en est une où l'univers est constitué par la superposition d'espaces (de multiplicités ou de variétés), sorte de structure expansive, comparable à

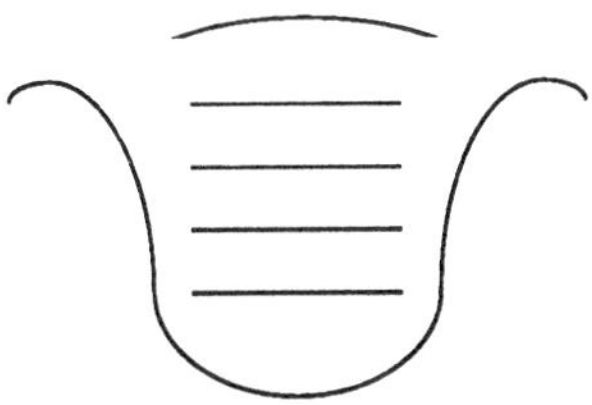

la structure cumulative des rangs, mais au lieu d'être limitée par un ordinal inaccessible, la structure est dotée d'un horizon récessif pour les domaines D, les assertions a et l'horizon H

$$(\text{Ɨ}D\,\text{Ɨ}\, a\, \exists\, H \vdash_D a \subset H) \wedge \neg\, (\text{Ɨ}D\, \exists\, a\, \exists\, H \vdash_D a \supset H)$$

Un espace d'assertions est clos (ensemble d'assertions) ou ouvert et son espace complémentaire de négations peut être également clos ou ouvert. Nous avons ainsi trois possibilités. Si l'espace d'assertion est clos et son espace complémentaire de négation est aussi clos, nous avons la négation booléenne :

1⁰

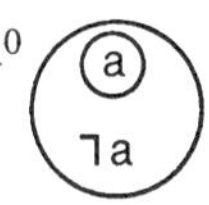

(i.e. négation locale et négation booléenne coïncident)

2^0

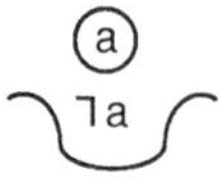

3^0

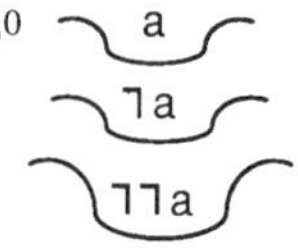

Dans le deuxième cas l'extérieur est ouvert pour $\neg\neg a \not\rightarrow a$ et dans le troisième cas le domaine d'assertions est aussi ouvert pour $a \not\rightarrow \neg\neg a$, puisqu'il n'y a pas de chemin continu – l'espace n'est pas simplement connexe – de a à $\neg\neg a$, alors qu'il peut en exister un dans le deuxième cas.

Nous avons donc un modèle (ou un « échaffaudage » pour structure et « construction » pour modèle, selon notre nouvelle terminologie) un ou des déploiements (nus) d'espaces (ou de domaines) D, un ou des déploiements parallèles E d'extérieurs, une relation (transitive) de superposition ς et ϕ une fonction qui fait correspondre des nombres naturels aux énoncés de la théorie.

Nous avons donc un quadruplet $M = [D_M, E_M, ς_M, \varphi_M]$ – notre métathéorie, on l'aura constaté, est non classique.

Remarque : D et E correspondent à des suites effinies de nombres naturels, i.e. appartiennent au(x) déploiement(s) universel(s). On a donc un éventail effini :

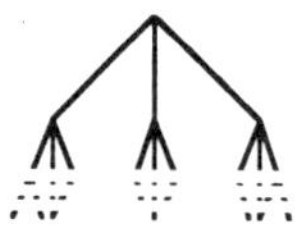

où la validité effinie n'est pas réductible à la validité finie ; c'est pourquoi nous n'avons pas de résultat de complétude. Nous définissons la fonction ϕ_M : Form $\rightarrow$ (0,1) de la façon suivante :

1) $\phi_M (A) [n] = 1$, ssi $A \in D_{M0}$
2) $\phi_M (\neg A) [n] = 1$, ssi $\neg A \in E^{D_{M0}}$
3) $\phi_M (A \wedge B) [n \times m] = 1$, ssi $A \in D_{M0}$ et $B \in D_{M0}$
4) $\phi_M (A \vee B) [n + m] = 1$, ssi $A \in D_{M0}$ ou $B \in D_{M0}$
5) $\phi_M (A \overset{loc}{\rightarrow} B) [n^m] = 1$, ssi $A \in D$ se transforme exponentiellement en $B \in D_{M0}$
6) $\phi_M (\exists x\, Ax) [n + m + 1...] = 1$, ssi $\sum A_n \in D_{M0}$

7) $\phi_M (\forall x\ Ax)\ [n \times m \times \ldots \times 1] = 1$, ssi $\Pi A_n \in D_{M0}$

8) $\varphi_n (\text{Ɨ} x\ Ax)\ [n \times m \times 1 \ldots] = 1$, ssi $\Pi A_{n\ldots} \in D_{M0}$

Remarque : Pour une formule $A \rightarrow \neg\neg A$ (pour des domaines ouverts), $\phi_M (\neg\neg A)\ [n] = 1$, ssi $A \in E^{E_D} M_0$ (ou $A \in E_{M_1}$) pour $E_{M0} = E^D M_0$ et $E_{M_0} \subsetneq E_{M_1}$. Donc A n'atteint pas $\neg\neg A$. Pour être tout à fait explicite dans notre formulation, il faudrait écrire, par exemple

$$\varphi_{M_\alpha} (A) \langle n \rangle\ [n] = 1$$

$$\varphi_{M_\alpha} (\text{Ɨ} x\ Ax) \langle n \times m \times 1 \ldots \rangle\ [n \times m \times 1 \ldots] = 1$$

mais on supposera que l'application complémentaire du déploiement est $\xi : N \rightarrow N$. D_{M0} signifie seulement que les domaines sont ordonnés et dans ϕ_M on suppose que $M \rightarrow \alpha$ pour α une suite effinie.

On aura compris que nous voulons donner une représentation arithmétique des constantes logiques : la conjonction correspond à la multiplication, la disjonction à l'addition, l'implication à l'exponentiation, la négation à la différence arithmétique (entre un domaine et son extérieur), le quantificateur existentiel à une instance numérique ou à une somme de telles instances, tandis que le quantificateur universel (fini) est un produit d'instances numériques, le quantificateur (universel) effini étant un produit continué, comme produit ou suite effinie et non comme la suite effinie de conjonctions en logique ensembliste. On peut aussi voir l'implication comme un produit de Cauchy de séries de puissances, si l'on pense l'implication comme fonction continue représentable par une série de puissances

$$\sum_0^\infty c_n x^n = \sum_0^\infty a_n x^n \times \sum_0^\infty b_n x^n$$

où $c_n = a_0 b_n + a_1 b_{n-1} + \ldots a_n b_0$.

Le procès inductif que l'on obtient est alors effectif et est en accord avec la théorie de l'induction effinie que nous avons développée : le procès arithmétique de l'induction a donc une représentation arithmétique. Si la théorie de la négation ne jouit pas des propriétés logiques classiques, complétude, compacité, etc... – la question de la non-contradiction étant triviale, il va de soi que nous ne pouvons utiliser la méthode générale de preuve *reductio ad absurdum* – l'intérêt mathématique de la négation locale est évident. On sait le rôle joué par le complément relatif en topologie. L'idée d'un complément local, plus forte que celle de complément relatif, peut avoir des applications imprévues, si l'on songe que les mathématiques ont utilisé depuis toujours un concept de complément absolu que l'on retrouve dans toutes les branches des mathématiques, de l'algèbre élémentaire à la théorie des espaces de Hilbert[33].

33. J'ai introduit la notion de négation locale dans la théorie des espaces de Hilbert dans un article « Quantum Mechanics and the Local Observer », [37].

CONCLUSION

La logique interne est une logique du contenu, une syntaxe du discours mathématique. Est-ce à dire qu'elle s'oppose à une logique formelle, logique de la forme qui serait condamnée à n'être que la gangue sémantique de la logique interne? Et plutôt qu'une logique mathématique, une logique des mathématiques? Un premier bilan de notre enquête fait ressortir le fait qu'il y a plusieurs logiques internes et qu'il faut sans doute renoncer au monopole d'une logique unique des discours mathématiques; non pas parce que l'anarchie règne, mais simplement parce que le contenu impose des contraintes qui peuvent varier selon les théories ou les concepts fondateurs. Brouwer avait insisté sur la distinction entre situations finies et situations infinies – Wittgenstein dira entre classes finies et classes infinies dans sa critique de Russell. L'idée d'un entre-deux, les suites processives ou «effinies», s'insère naturellement dans cette problématique. La théorie logique des notions locales tente d'incorporer les exigences ou les contraintes les plus radicales afin de garantir l'inférence minimale, la plus sûre, selon le vœu de Hilbert. Une logique locale est, par définition, prédicative; elle ne genère ses conséquences qu'itérativement en refusant de faire appel aux concepts globaux ou structurels dont la genèse constructive n'est pas établie. Mais loin d'exclure les autres logiques, une logique interne qui a d'abord une fonction descriptive proposera une classification ou une hiérarchie des logiques selon l'ordre décroissant des contraintes et son rôle normatif n'apparaîtra que pour rectifier le rang d'une logique «dévoyée». On ne contestera pas qu'il s'agit là d'un travail continu dont nous n'avons qu'esquissé le programme. Paradoxalement, la tâche que nous assignons au projet de la logique interne n'a pas le même dessein critique que le constructivisme qui l'inspire. Si on peut associer la logique interne des concepts locaux à un constructivisme radical, il serait erroné de penser que la logique interne du contenu se réduit au rejet d'une logique de la «forme externe». Bien au contraire, la classification des logiques internes redonne sa place à la logique classique, bivalente et booléenne (ou duale) avec son tiers exclu et ses contraintes purement structurelles. La catégorie de système formel n'est pas non plus mise au ban, comme l'intuitionnisme de Brouwer le suggérait, mais une meilleure adhérence du formalisme à son objet est requise, car il n'y a pas de système formel de l'objet quelconque ou de la totalité des objets, pas plus qu'il n'y a de logique interne du discours *en général;* une grammaire logique universelle ne serait qu'un discours sans objet. Le relativisme méthodologique ne doit pas nous leurrer, puisqu'une perspective unitaire est toujours possible qui intègre la diversité des logiques (internes) dans une théorie générale du discours mathématique, c'est-à-dire dans une théorie du savoir («théorétique»).

Dans ce train d'idées, la critique fondationnelle des théories mathématiques, pour avoir une vocation critique, n'en est pas moins ordonnée à une analyse de la pratique. La distinction entre méthodes élémentaires ou effectives et méthodes transcendantes ou analytiques, par exemple, est interne au discours mathématique et peut mieux servir à définir la pratique (ou les pratiques). Ainsi le constructivisme n'est pas ou pas seulement une philosophie des mathématiques, mais d'abord une théorie critique et une attitude fondationnelle active; c'est à la critique philosophique que revient la tâche, au-delà ou à côté de la pratique, d'évaluer la portée et les limites de l'activité mathématique dans l'ensemble des entreprises théoriques. Mais accentuer les distinctions pour dégager la spécificité des méthodes est une opération antérieure à tout débat philosophique, quelque utile qu'il soit pour l'intelligence des enjeux de la pratique elle-même.

Il serait donc abusif de prendre à la lettre l'expression de Kolmogorov[1], qualifiant de pseudo-mathématiques les mathématiques qui emploient le tiers exclu comme méthode de preuve; la pratique, en ces matières, est souveraine et c'est l'œuvre des mathématiciens qui définit ce qu'est la mathématique avant toute description extra-mathématique, e.g. la mathématique comme «mathèsis» ou

1. Cf. A. Kolmogorov «O prinzipe Tertium non datur»; [68]. L'expression de Kolomogorov est «pseudomatematika» ou «matematika pseudoistinnosti», mathématiques de la pseudo-vérité.

« épistémè » au sens de savoir vrai. La critique fondationnelle peut certes intervenir dans la pratique, elle ne peut rester extérieure et se contenter d'un regard détaché sur l'objet de sa démarche. L'analyse fondationnelle et la pratique constructiviste se confondent quant il s'agit de constructiviser (ou de vérifier) des résultats déjà acquis, mais il n'est pas interdit de penser que les gestes constructeurs innovent et ouvrent des avenues inédites de la recherche ; il est vrai que le travail de construction porte le plus souvent sur une matière antérieure – les résultats analytiques – qu'il faut remodeler, informer de nouveau, mais c'est là aussi bien un effet de l'histoire aléatoire des mathématiques que la suite des exigences plus grandes d'une mathématique « sûre », mieux ajustée à l'empan du mathématicien. Pour certains, il s'agit de morale ou d'esthétique ; pour d'autres, et parmi les meilleurs, la question touche non seulement aux problèmes fondationnels, mais tout autant à la nature fondamentale des mathématiques.

Sur le plan philosophique, l'idée d'une logique interne du discours mathématique et du discours scientifique ou physique a des liens avec des entreprises philosophiques plus globales. Michael Dummett, par exemple, a conçu une théorie de la signification fondée sur la logique intuitionniste qui n'est pas sans parenté avec notre programme d'une logique interne, mais ici on n'a pas de développement formel qui puisse permettre le rapprochement. D'autre part, le programme internaliste de Hilary Putnam en philosophie du langage et en philosophie des sciences, s'il suggère l'idée d'une logique interne, n'en comporte pas l'élaboration. L'affinité des programmes n'implique pas la même finalité philosophique et le constructivisme a des visées plus radicales que l'anti-réalisme. Le projet philosophique de l'anti-réalisme, dans ce contexte s'arrête trop court quand il n'adosse pas sa critique du réalisme en logique (et en philosophie des sciences) à une théorie de la construction du discours mathématique (et logique) et du savoir scientifique. C'est là sans doute l'ambition d'une logique arithmétique qui veut faire de la logique une théorie arithmétisable sans pour cela l'intégrer à une informatique théorique où la computabilité est l'intérêt premier ; mais les fondements ensemblistes de la théorie de la récursion interdisent de penser que la bonne notion de computabilité effective y est à l'œuvre et la notion de computabilité élémentaire (avec bornes logarithmiques) semble la plus prometteuse.

En-deçà de la logique, une logique interne du langage, i.e. des langues naturelles n'a pas encore vu le jour. L'idée d'une combinatoire du langage (comme procès et système) se dessine chez Hjemslev et les travaux de Chomsky et de son école ont permis de mieux définir l'algorithmique syntaxique d'une langue naturelle, mais de nouveau, les concepts d'ensemble récursivement énumérable et d'ensemble récursif ne sont pas suffisamment effectifs pour rendre compte de la génération constructive du sens : une arithmétique (procès) et une combinatoire (système) effectives sont possibles qui fassent appel à une logique interne pour circonscrire l'aire d'application d'une théorie qui ne se satisfait pas de concepts idéaux ou structurels, mais qui veut montrer comment la régularité et la stochasticité, l'ordre et le chaos sont couplés dans la dualité syntaxe-sémantique (incluant la pragmatique).

Ce sont là deux bornes immédiates de la logique interne, l'informatique et la théorie du langage, qui constituent des domaines d'application proches. Mais c'est la logique que nous avons voulu d'abord internaliser, parce qu'elle joue le rôle central de théorie de l'inférence dans les mathématiques et la physique mathématique. La thèse que la logique est d'essence arithmétique signifie seulement que l'arithmétique est le modèle principal de l'inférence qui s'y trouve non seulement interprétée, mais représentée ou réalisée[2]. La thèse implique d'autre part que l'arithmétique (ou théorie des nombres) est la pierre d'assise de l'architecture des mathématiques; il ne s'agit pas de reprendre le vieux débat arithmétique-géométrie, puisque la géométrie elle-même est arithmétisée, mais une logique arithmétique permet de remettre en question la conception traditionnelle de la logique formelle comme logique des mathématiques ou théorie de la pratique mathématique et de renverser la perspective philosophique de la conception frégéenne d'une syntaxe universelle des invariants formels et d'une sémantique ensembliste des structures mathématiques. L'idée de la logique arithmétique invite à dépasser les dichotomies de l'analyse et de la synthèse (en usage au temps de

---

2. On pourrait rapprocher notre programme d'une logique interne de celui de R.L. Goodstein dans son *Constructive Formalism*, [49]. Malgré la parenté des points de vue fondationnels, le calcul équationnel et la logique arithmétique emploient des moyens tout différents, en particulier la réduction de la logique à l'arithmétique s'effectue dans la logique arithmétique par une interprétation constructiviste des constantes logiques et non à l'aide d'un calcul équationnel (formel). Par ailleurs, notre entreprise est affine à celle d'Edward Nelson *Predicative Arithmetic* [77], dans la mesure où elle s'écarte de la sémantique ensembliste par l'arithmétisation de l'arithmétique non péaniste. Mais l'arithmétique fermatienne que nous proposons déborde le cadre finitaire tout en préservant le caractère prédicatif de l'induction « effinie » (la descente infinie).

Fermat, par exemple), de la genèse et de la structure, à la limite celle du discret et du continu pour essayer de penser les rapports qu'une logique interne du discours mathématique entretient avec l'activité mathématique elle-même. Que cette idée suppose une critique fondationnelle de la raison logique et mathématique, c'est la part de philosophie qui déborde le discours mathématique pour essayer de le penser dans une autre langue (métathéorique ou mieux métathéorétique) qui en même temps veut rester la plus fidèle possible à la rigueur (formelle et informelle) d'une logique interne. La logique interne de l'arithmétique est donc à la fois une théorie arithmétique et philosophique de la logique.

Si la logique interne est une logique des mathématiques, qu'en est-il de la logique de la physique dans le programme d'une logique interne ? Une « logique physique » au sens de la logique mathématique est-elle possible ? La question de la logique quantique – ou logique de la mécanique quantique – a été soulevée depuis von Neumann et Birkhoff et elle fait toujours l'objet d'un vif débat. La logique quantique est-elle en continuité avec la logique interne de l'arithmétique dans la hiérarchie des logiques internes ? Si oui, quelle logique quantique ? La dernière question n'est pas inutile, puisqu'il y a déjà une multiplicité de logiques quantiques et il faut mieux définir la logique interne de la mécanique quantique par rapport à la logique d'autres théories physiques, la relativité, par exemple, ou la théorie unifiée des champs. C'est à cette vaste problématique, que l'on peut appeler « logique physique », et qui touche au problème central de l'application des mathématiques dans la science physique, qu'un prochain ouvrage sera consacré[3].

3. Voir notre esquisse « Proof-theoretical analysis of physical theories: the case of renormalization procedures in quantum field theories », [39].

APPENDICE I

La descente infinie pour l'équation diophantienne $x^4 + y^4 = z^2$

Il faut montrer que l'équation $x^4 + y^4 = z^2$ n'a pas de solution dans les entiers pour x, y, $z \neq 0$ et $z > 0$. Supposons que $(x, y, z) = 1$ avec $z > 0$. Il n'est pas possible que x et y soient tous deux impairs, puisque la réduction modulo 4 donnerait $z^2 \equiv 2$ (4), ce qui est exclu en vertu du fait que tout carré doit être congruent à 0 ou 1 modulo 4. Supposons alors que x est impair, y pair, ce qui nous donne z impair. De

$$y^4 = (z - x^2)(z + x^2) \qquad (1)$$

on obtient

$$(z - x^2, z + x^2) = 2 \qquad (2)$$

parce que x et z étant impairs, un nombre premier diviseur de $(z - x^2)$ et de $(z + x^2)$ doit aussi diviser 2z et $2x^2$. Mais nous avons y^4 comme produit de (1). Nous avons alors les solutions suivantes

$$z - x^2 = 2a^4 \text{ ou } 8b^4 \qquad (3)$$

$$z + x^2 = 8b^4 \text{ ou } 2a^4 \qquad (4)$$

pour $a > 0$ impair et $(a, b) = 1$. Le premier membre de la disjonction entraîne

$$x^2 = - a^4 + 4b^4 \qquad (5)$$

ce qui est impossible, puisqu'on aurait $1 \equiv - 1$ modulo 4. C'est donc le deuxième membre qui est la bonne solution avec

$$z = a^4 + 4b^4 \qquad (6)$$

pour $0 < a < z$. Si on remplace z dans (4), on obtient

$$4b^4 = (a^2 - x)(a^2 + x) \qquad (7)$$

et puisque (a, b) = 1, on a (a, x) = 1, ce qui donne comme dans (2)

$$(a^2 - x, a^2 + x) = 2 \qquad (8)$$

On substitue $2c^4$ à $a^2 - x$ et $2d^4$ à $a^2 + x$ pour obtenir

$$a^2 = c^4 + d^4 \qquad (9)$$

qui est une solution de $x^4 + y^4 = z^2$ avec une valeur positive plus petite pour z. Ce qui signifie qu'il devrait y en avoir une infinité d'autres avec des valeurs toujours plus petites, ce qui est impossible puisqu'il n'y a pas de descente infinie ou de suite descendante infinie dans les entiers (cf. K. Ireland and M. Rosen, *A Classical Introduction to Modern Number Theory* [59], 271-272).

On sait que le dernier théorème de Fermat

$$\forall n > 2\ \forall x\ \forall y\ \forall z\ (x^n + y^n \neq z^n)$$

a été inspiré par le problème général que l'on trouve dans *l'Arithmetica* de Diophante : écrire un carré donné comme la somme de deux autres carrés

$$x^2 + y^2 = z^2.$$

Fermat, avec la preuve de $x^4 + y^4 \neq z^4$, réduisait le problème à la forme 4n + 1 (c'est-à-dire pour les seuls nombres premiers). La méthode de la descente infinie est une méthode d'une grande généralité et elle est utilisée partout, de la théorie des nombres transcendants à la géométrie (algébrique) arithmétique contemporaine. On peut citer en exemple le théorème de Mordell sur le nombre fini de points rationnels sur une courbe elliptique; la conjecture de Mordell sur le nombre fini de points rationnels sur une courbe algébrique démontrée par Faltings avec des méthodes de descente constitue un chapitre majeur de cette arithmétisation de la géométrie (algébrique).

Le caractère distinctif de la méthode de la descente infinie de Fermat a été souligné par nombre de mathématiciens, dont André Weil, et bien que plusieurs logiciens et mathématiciens pensent que la descente infinie est équivalente au principe de l'induction complète *via* le principe du plus petit nombre, il importe de mettre l'accent sur l'effectivité de la méthode, son sens constructif. Les deux textes majeurs de Fermat sur la descente infinie se trouvent dans les tomes I et II des *Œuvres*. Dans sa lettre à Carcavi d'août 1659, il écrit :

> « La preuve se fait par ἀπαγωγὴν εἰς ἀδύνατον en cette manière : S'il y avoit aucun triangle rectangle en nombres entiers qui eût son aire égale à un quarré, il y auroit un autre triangle moindre que celui-là qui auroit la même propriété. S'il y en avoit un second, moindre que le premier, qui eût la même propriété, il y en auroit, par un pareil raisonnement, un troisième, moindre que le second, qui auroit la même propriété, et enfin un quatrième, un cinquième, etc. à l'infini en descendant. Or est-il qu'étant donné un nombre, il n'y en a point infinis en descendant moindres que celui-là (j'entends parler toujours des nombres entiers). D'où on conclut qu'il est donc impossible qu'il y ait aucun triangle rectangle dont l'aire soit quarrée. » (II, 431-436)

et dans son commentaire de Diophante de 1670, il ajoute qu'il ne saurait y avoir une infinité d'entiers plus petits qu'un entier donné :

> « Eodem ratiocinio dabitur et minor istâ inventa per viam prioris, et semper in infinitum minores invenientur numeri in integris idem praestantes. Quod impossibile est, quia, dato numero quovis integro, non possunt dari infiniti in integris illo minores. » (I, 340-341) que je traduis « par le même calcul, on supposera qu'un plus petit nombre est trouvé par voie descendante et que l'on en trouve toujours de plus petits que le précédent à l'infini. Ce qui est impossible, parce que pour un nombre entier quelconque, il ne peut s'en trouver une infinité qui lui soient inférieurs dans les entiers ».

APPENDICE II

Arithmétique prédicative et logique prédicative

L'arithmétique prédicative substitue au postulat d'induction de Peano un principe d'induction bornée. Aussi bien Nelson (voir sa *Predicative Arithmetic.* [77]) que Buss dans sa *Bounded Arithmetic* ([9]), font une démarcation nette entre arithmétique finie et arithmétique de Peano. Nelson a mis l'accent sur le fait qu'il n'y a pas de point de vue ω en arithmétique prédicative, mais il partage avec la plupart des logiciens et des mathématiciens l'idée que la descente infinie est équivalente à l'induction complète en passant par le principe du plus petit nombre. La version prédicative de ce dernier principe selon Nelson se lit comme suit

$$A \wedge \neg \exists y_1 \ldots \exists y_v ((y_1 \leq x_1 \wedge \ldots \wedge y_v \leq x_v)$$
$$\wedge (y_1 \neq x_1 \vee \ldots \vee y_v \neq x_v) \wedge Ax_1 \ldots x_v [y_1 \ldots y_v])$$

pour des variables x et y; $y_1 \ldots y_v$ n'apparaissent pas dans A et sont distinctes de $x_1 \ldots x_v$. Nelson réussit à démontrer l'auto-consistance de l'arithmétique de Robinson par des moyens purement prédicatifs.

Pour obtenir l'axiomatisation de Robinson, on n'a qu'à ajouter aux axiomes de Peano (où S est « successeur »)

1. $Sx \neq 0$
2. $Sx = Sy \rightarrow x = y$
3. $x + 0 = x$
4. $x + Sy = S\,(x+y)$
5. $x \cdot 0 = 0$
6. $x \cdot Sy = x \cdot y + x$

un septième axiome pour la notion de prédécesseur

7. $Px = y \leftrightarrow Sy = x \vee (x = 0 \wedge y = 0)$

auxquels on peut adjoindre des axiomes pour l'associativité, la distributivité et la commutativité.

La consistance de l'arithmétique de Robinson dans sa version prédicative est rendue possible par l'emploi systématique de bornes logarithmiques. Ainsi un ensemble est prédicatif 1) s'il est décrit par une formule bornée, 2) s'il y a une borne sur ses éléments et 3) si sa cardinalité est logarithmiquement bornée. C'est parce que les termes de la théorie arithmétisée sont bornés par les termes eux-mêmes qu'on peut démontrer son auto-consistance. Cette auto-consistance ou consistance génétique est essentiellement différente de la consistance formelle, puisqu'une théorie formelle ne peut contenir de preuve de sa propre consistance sans être inconsistante, selon le deuxième théorème d'incomplétude de Gödel. Remarquons que le premier théorème de Gödel sur l'incomplétude de l'arithmétique de Peano a recours à des moyens imprédicatifs.

Nelson utilise la logique classique dans son arithmétique prédicative; comme dans sa syntaxe de l'analyse non standard (voir « The Syntax of nonstandard analysis » [78]). Ici le principe de standardisation stipule que les énoncés externes comme « x est standard » deviennent des prédicats « sans sémantique » dans une théorie des ensembles, qui en quelque sorte, « internalise » l'analyse non standard. C'est là une théorie hautement imprédicative et Nelson fait même appel au principe de réflexion de l'univers ensembliste dans son « Internal Set Theory : a new approach to nonstandard analysis » [76]. Si, selon le vœu de Abraham Robinson, l'analyse non standard ne doit pas générer de nouvelles entités mathématiques, mais plutôt produire de nouvelles procédures déductives, alors c'est la logique interne d'une théorie internalisée qu'on doit analyser. Dans ce sens, l'arithmétique prédicative apparaît comme la justification syntaxique de l'entreprise de G. Reeb et de son école qui s'est inspirée de Brouwer dans la construction d'une analyse non standard fondée sur l'arithmétique des entiers « naïfs ». C'est là une nouvelle rencontre de Hilbert et Brouwer par le détour imprévu des entiers non standards (et le retour inattendu des infinitésimaux!).

Notons que l'adjonction d'un énoncé « l'exponentation n'est pas totale » en artithmétique prédicative et l'adjonction de l'énoncé « x est standard » dans une théorie (interne) des ensembles ne devraient pas avoir le même statut.

Que devrait être une logique prédicative dans ce contexte ? Sans doute une logique interne de concepts locaux (négation locale, implication locale, quantificateur effini) qui, comme nous l'avons suggéré, serait la logique minimale et le schème de la descente infinie jouerait le rôle d'induction bornée dans une arithmétique prédicative. L'essentiel est de doter les constantes logiques d'une interprétation constructive. L'arithmétisation de la logique suppose qu'on interprète la logique dans une arithmétique : une logique prédicative sera donc la logique interne d'une arithmétique prédicative. Le modèle d'une logique interne des domaines locaux semble être une voie appropriée pour la prédicativisation de la logique.

APPENDICE III

De l'induction transfinie à la descente infinie (ou de Gentzen à Fermat)*

La logique interne de l'arithmétique signifie arithmétisation de la logique, comme on a dit arithmétisation de l'analyse. Cela veut dire que l'arithmétique est une théorie de la représentation de la logique elle-même définie comme théorie de l'inférence.

J'adopte un point de vue anti-frégéen ou anti-logiciste : la logique est représentée dans l'arithmétique qui devient la théorie fondamentale des opérations correspondant aux constantes logiques. Il faut entendre représentation ici dans son sens mathématique usuel, par exemple, la représentation isomorphique (ou homomorphique) du groupe « abstrait » dans le sens où ce sont les opérations arithmétiques qui donnent le sens des constantes logiques. Il ne s'agit pas, comme dans la gödélisation, de représenter l'arithmétique de Peano dans un système formel qu'on arithmétise ensuite, mais de produire une interprétation constructiviste des connecteurs et des quantificateurs dans des domaines arithmétiques; cette arithmétisation est résolument constructiviste, dans la mesure où l'on n'a plus de conditions de satisfaction (ou de vérité), mais des procédures de vérification.

Le programme d'une logique arithmétique s'inscrit dans le dessein général d'une logique interne du discours mathématique : il n'y aurait

---

* Texte d'une conférence prononcée le 15 mai 1987 à l'École Normale Supérieure de Paris («Séminaire de philosophie et mathématiques» dirigé par Pierre Cartier, Maurice Caveing, Maurice Loi et René Thom). Nous reproduisons ce texte parce qu'il reprend un argument central et constitue en quelque sorte un résumé de l'ouvrage tout entier.

pas de logique mathématique, mais des logiques des mathématiques qui seraient ordonnées entre elles sans doute mais qui ne seraient pas réductibles à un commun dénominateur, si ce n'est à une logique minimale que j'appelle logique arithmétique. Les structures algébriques, par exemple, n'ont pas la même logique interne que les structures topologiques (dotées d'une logique non booléenne du deuxième ordre).

J'ai dit que ce programme était anti-logiciste et anti-frégéen : anti-logiciste parce qu'il réduit la logique à l'arithmétique et anti-frégéen parce qu'il s'oppose au conceptualisme frégéen qui fonde la logique dans la théorie abstraite de la proposition et la théorie des nombres dans une doctrine des concepts. La perspective constructiviste défendue ici répugne aux fondements métaphysiques et propose plutôt une démarche concrète intra-mathématique. Mais c'est avec l'arithmétique ensembliste que je voudrais d'abord contraster la logique arithmétique.

En premier lieu, il faut définir l'arithmétique. J'appelle « arithmétique de Fermat » l'arithmétique ou la théorie des nombres élémentaire sans induction complète (élémentaire a le sens habituel de « sans recours » aux méthodes analytiques ou transcendantes). L'arithmétique de Fermat n'a donc qu'un seul ordinal-limite, soit 0. L'arithmétique de Peano (de même que l'arithmétique de Heyting) en a deux au moins, soient 0 et ω, et l'arithmétique de Cantor (ou de Gentzen) en comporte un nombre arbitraire – au moins jusqu'à $\lim \omega^{\cdot^{\cdot^{\omega}}} = \varepsilon_0$. L'arithmétique de Fermat dans ce sens est la seule arithmétique qui ne soit pas ensembliste, i.e., qui ne fasse pas appel à un ordinal-limite infini – même l'arithmétique récursive de Skolem, de Herbrand ou de Gödel ne saurait s'en passer.

L'induction complète :

$$\forall x\, [\forall y\, (y < x\ Ay) \rightarrow Ax] \rightarrow \forall x\, Ax$$

est déductible du postulat d'induction de Peano,

$$\forall x\, [A0 \wedge \forall x\, (Ax \rightarrow A\, Sx)] \rightarrow \forall x\, Ax$$

pour Sx le successeur de x. Les variables $x = \{x, x_1, ..., x_n\}$ de la formule A du premier ordre sont remplacées par les sous-ensembles (ou propriétés) X du second ordre

$$\forall X\, [\, X0 \wedge \forall y\, (Xy \rightarrow X\, Sy)\,] \rightarrow \forall y\, Xy;$$

l'induction transfinie ne fait que substituer des ordinaux σ aux nombres naturels de l'induction complète,

$$\forall\sigma\,[\,\forall t\,((t < \sigma \rightarrow A\,(t, x) \rightarrow A\,(\sigma, x)\,] \rightarrow \forall\sigma\, A\,(\sigma, x)$$

où les x sont des variables libres. L'induction transfinie signifie donc l'induction complète jusqu'à ε_0 dans la hiérarchie suivante :

$$\omega = \lim < 0, 1, 2, ..., n >$$

$$\omega \cdot 2 = \lim < \omega + n >$$

$$\omega^2 = \lim < \omega \cdot n >$$

$$\omega^\omega = \lim < \omega^n >$$

$$(\,(\omega)^\omega)^\omega = \lim < (\omega^\omega)^n >$$

$$\varepsilon_0 = \lim < \{\ (\omega^\omega)^{\cdots\omega}\ \}^{\ n} >$$

Chacun des membres de la hiérarchie a pour dernier terme n puisque la hiérarchie est fondée sur la forme normale que Cantor a donnée pour tout ordinal;

$$\alpha = n_1\, \omega^{\alpha_1} + n_2\, \omega^{\alpha_2} + ... + n_t\, \omega^{\alpha_t}$$

où $\beta_1 > \beta_1 > ... > \beta_m$ et m, n_1, n_2 ..., n_n sont finis. C'est la deuxième classe de Cantor qui loge les « ordinaux constructifs » de Kleene et Church ; cette classe est, en effet, dénombrable (et récursivement énumérable) au sens de la théorie des ensembles en vertu du terme n, mais n'est pas énumérable au sens strict, puisqu'on peut trouver un ordinal tel que $\alpha_n \neq \alpha$ pour tous les n ; on a qu'à prendre

$$\alpha = \lim \alpha_n, \text{ donc } \alpha_n < \alpha.$$

Gentzen a invoqué une interprétation potentialiste de la traversée de la totalité infinie des ordinaux $< \varepsilon_0$ pour justifier le recours à l'induction transfinie dans sa preuve de la consistance de la théorie des nombres élémentaires. Remarquons en premier lieu que l'infini potentiel chez Aristote et (et Euclide) est défini justement comme intraversable « ἀδιεξίτητος» (*Physique*, livre III, 203b), parce qu'il y a un « toujours plus » inaccessible. Gentzen renverse ce point de vue dans sa démarche ensembliste et conjoint accessibilité et totalité : si tous les nombres plus petits qu'un nombre β sont accessibles, alors β est aussi accessible. Remarquons encore l'accent cantorien sur la totalité ou l'ensemble des nombres plus petits qu'un nombre β qui devient par là même accessible. La limite classique est encore une fois évacuée au profit d'un quantificateur de totification ou « totificateur », si l'on veut me pardonner ce néologisme, qui n'a pas de justification, même en mathématiques classiques. Arrêtons-nous à la justification de l'induction transfinie que Takeuti a tenté de donner dans sa *Proof*

Theory. Takeuti part du « Gedankenexperiment » de l'interprétation potentialiste de Gentzen, c'est-à-dire du parcours potentiel d'une totalité *infinie* ou d'un ensemble infini (d'ordinaux). Takeuti s'inspire de la notion d'accessibilité (« Erreichbarkeit ») de Gentzen, mais au lieu de suites strictement croissantes d'ordinaux $\beta_0 < \beta_1 < ... < \beta_{\varepsilon_0}$, il introduit des suites strictement décroissantes $\mu > ... > \mu_1 > \mu_0$ pour $\mu = \lim (\omega^{\mu_n})$ et tente de montrer par là que toute suite est finie. Sa méthode est en accord parfait avec l'idée de réduction (des dérivations) que l'on trouve chez Gentzen — toute dérivation est associée à un nombre ordinal et toute réduction d'une dérivation diminue la « hauteur » de l'ordinal correspondant.

Toute suite strictement décroissante est finie en vertu de l'axiome de fondation formulé par Mirimanoff et von Neumann pour la théorie des ensembles;

$$\forall x \{ x \neq \phi \rightarrow \exists y (y \varepsilon x \wedge y \cap x = \phi) \}$$

Malgré son apparente parenté avec le principe de la descente infinie de Fermat (que nous verrons plus loin), la méthode de Takeuti ne produit pas la justification désirée. Pour le voir, définissons la notion d'ordinal uniformément récessible (dans le style de la continuité uniforme) :

> Un ordinal μ est uniformément récessible s'il a été démontré que, dans toute suite strictement décroissante, tout μ_n a un récesseur (prédécesseur) immédiat μ_{n-1}.

Proposition : ε_0 n'est pas uniformément récessible.

> la suite des ordinaux de la deuxième classe de nombres de Cantor comporte des points singuliers à chaque ordinal-limite de la suite ω, $\omega \cdot 2$, ω^2, ω^ω, ..., ε_0 ; aucun de ces ordinaux n'a de récesseur immédiat.

La suite des nombres naturels est uniformément récessive à partir d'un n quelconque; c'est le principe d'induction ou de récurrence « naturel ». La critique de la notion d'accessibilité ou de récessibilité est valable pour toute théorie ensembliste des ordinaux, qu'elle soit Π^1_2 avec la notion d'échelle ou du second ordre Ω, comme chez un Girard, par exemple[1]. Elle est liée à la critique que l'on peut faire de la logique classique où le quantificateur universel pour la logique des prédicats du premier ordre et l'induction complète pour la théorie des nombres du premier ordre a une fonction implicite de « totification » dans la mesure où le « tous » de la quantification se transforme en un « tout » ensembliste. Gödel a reconnu que déjà le théorème de complétude pour la logique de prédicats du 1er ordre exigeait, selon lui, le point de vue transcendant d'une totalité infinie complétée, c'est-à-dire le point de vue oméga [48].

Et Gentzen, selon sa propre analyse, n'a dû recourir à l'induction transfinie que pour justifier l'induction complète (ou infinie). Il serait vain de chercher une justification dans le deuxième théorème d'incomplétude de Gödel sur les preuves de consistance en disant que l'induction complète ne peut se justifier (ou se démontrer) par l'induction complète. L'interprétation « Dialectica » de Gödel propose une autre preuve de consistance par l'induction fonctionnelle sur tous les types finis qui correspond essentiellement à l'induction transfinie. Il y a aussi d'autres preuves équivalentes. Toutes supposent un univers ensembliste qui englobe l'univers arithmétique, quand ce ne serait que par la totalisation opérée par le quantificateur universel et l'induction complète. Cette totalisation ou « totification », comme je l'ai suggéré, caractérise l'arithmétique ensembliste de Frege à Peano et Gentzen (et au-delà jusqu'à aujourd'hui). Comment « désensembler » l'arithmétique et interpréter l'induction tout en la dégageant de la gangue ensembliste ? En revenant à Fermat.

L'arithmétique de Fermat se caractérise par la descente infinie et je soutiens que du point de vue métamathématique, c'est-à-dire du point de vue de la théorie des démonstrations, la descente infinie remplit le rôle de l'induction sans pour autant exiger la notion d'ensemble infini. Fermat écrit qu'il a inventé la méthode de la descente infinie ou indéfinie, comme il dit, mais on la trouve déjà « in nuce » chez Euclide. Prenons la proposition 31 du livre VII des *Eléments* : « Tout nombre composé est divisible par un nombre premier ». Il

---

1. La hiérarchie hyperarithmétique Π^1_1 avec un quantificateur universel initial sur des variables fonctionnelles permet de grimper dans l'échelle transfinie des ordinaux jusqu'à ε_0 et au-delà. La logique Ω est la logique pleine du deuxième ordre, c'est-à-dire avec son modèle principal défini par $P(\omega)$, l'ensemble des parties de l'ensemble ω des entiers.

s'agit ici d'une décomposition ou d'une réduction qui ne peut se poursuivre indéfiniment puisque toute suite descendante de nombres naturels est finie. Fermat a utilisé sa méthode, par exemple, pour démontrer l'impossibilité de l'équation diophantienne $x^4 + y^4 = z^2$ qui est un cas particulier du dernier théorème de Fermat

$$\forall x \, \forall y \, \forall z \, \forall n > 2 \quad (x^n + y^n \neq z^n)$$

Fermat a donc généralisé une méthode et lui a surtout donné le rôle central en théorie des nombres, rôle qu'elle occupe toujours — on n'a qu'à songer à son utilisation dans ce qu'on commence d'appeler la géométrie algébrique arithmétique jusque dans la théorie des nombres transcendants[2]. André Weil lui reconnaît une place à part dans l'histoire de la théorie des nombres [103]. Et si la descente n'est pas toujours effective, son sens réside dans son caractère constructif comme nous allons le voir.

Le principe de la descente infinie peut être énoncé comme suit : si l'existence d'une propriété pour un nombre donné n implique l'existence de cette propriété pour un nombre plus petit quelconque, alors cette propriété est possédée par des nombres toujours plus petits que n, ce qui est impossible puisque toute suite strictement décroissante d'entiers naturels est finie.

Plus succintement, on a pour les variables individuelles x, y, z et le quantificateur effini $\text{Ɨ}x \; A$

$$\text{Ɨ}x \, [\, Ax \wedge \exists y \, (y < x) \, Ay \,] \rightarrow \exists y \; \text{Ɨ}z \, (z < y) \, Az$$

ou le schéma suivant

$$\frac{A(a) \in D_n \qquad \begin{matrix}[A(a) \in D_{m<n}] \\ A(a) \in D_i\end{matrix} \qquad \text{Ɨ}i < m}{\text{Ɨ}x \; A(x)}$$

où $\text{Ɨ}x \; A(x)$ doit se lire $\text{Ɨ}x \in D_n \, (A(x))$ pour des énoncés A et des domaines D_n.

Ce principe d'induction n'a pas de quantificateur universel, seulement un quantificateur existentiel et un quantificateur « effini » pour la descente indéfinie; effini (de « ex-finitus ») signifie infini potentiel, suite indéfinie ou suite infiniment processive de Brouwer. Une suite effinie est une suite qui a une borne prépositionnelle, par exemple, la suite des nombres naturels a une borne prépositionnelle,

2. Voir A. Baker, [3].

soit 0, mais n'a pas de borne post-positionnelle – de notre point de vue constructiviste, il n'y a pas de ω.

Puisque la descente infinie ou indéfinie est impossible – toute suite descendante de nombres naturels doit s'arrêter à la borne prépositionnelle 0 ou 1 de la suite effinie des nombres naturels – on peut ajouter la conclusion suivante à notre principe d'induction effinie.

$$\text{Ɨ}x\ \{\ [\ Ax \wedge \exists y\ (y < x)\ Ay\ ] \rightarrow \exists y\ \text{Ɨ}z\ (z < y)\ Az\ \} \vdash \text{Ɨ}x\ \neg\ Ax$$

ou le schéma suivant :

$$\frac{\begin{array}{c}[\ A\ (a) \in D_{m<n}] \\ [\ A\ (a) \in D_i\ ] \qquad \text{Ɨ}i < m \\ A\ (a) \in D_n \qquad \text{Ɨ}x\ A\ (x)\end{array}}{\text{Ɨ}x\ \neg\ A\ (x)}$$

ce qui signifie simplement que la propriété (ou l'ensemble de propriétés) postulée pour la descente indéfinie est fausse pour tous les nombres *effiniment*. Le quantificateur effini de la conclusion ne va pas au-delà de ce qui est contenu dans la quantification des prémisses, c'est l'ascension indéfinie de la suite effinie des nombres naturels. L'arithmétique de Fermat est, dans ce sens, finitaire ou, si l'on veut, effinitaire et le postulat d'induction de cette arithmétique est en parfait accord avec l'interprétation potentialiste de l'induction que l'on trouve, par exemple, dans «... l'on pourra ...» de Poincaré : «Tous les nombres que l'on pourra inventer un jour ... Et c'est ce "l'on pourra" qui est l'infini» [81].

Pour montrer que l'induction effinie est bien de nature arithmétique, il faut produire un modèle arithmétique du quantificateur effini qu'on formule ainsi :

$$\varphi_M\ (\text{Ɨ}x\ A\ x)\ [n \times m \times l...] = 1 \text{ ssi } \Pi\ A_n... \in D_M$$

pour D, un domaine de propriétés pour les formules A et φ_M : Form → (0;1) une fonction d'assignation de mesures de vérification et non de valeurs de vérité; A_n... signifie que nous avons une suite effinie de nombres naturels et [n x m x l ...] signifie que l'on associe un produit continué de nombres naturels à la formule Ɨx Ax où n, m, l sont des segments initiaux de suites de mesures de vérification. Il est évident que le couplage formules-nombres naturels ou ordinaux est arbitraire, mais il a le sens «direct» d'une correspondance effective. Voyons les autres quantificateurs :

$$\varphi_M (\forall xA\, x) [n \times m \times l] = 1, \text{ ssi } \Pi A_n \in D_M$$

pour le quantificateur universel sur les domaines finis,

$$\varphi_M (\exists x\, Ax) [n + m + l \ldots] = 1, \text{ ssi } \sum A_n \in D_M$$

pour le quantificateur existentiel avec instances numériques n, m, l ... Pour les autres constantes logiques, le modèle est celui de la négation (ou complémentation) locale et de l'implication locale [38].

La négation s'exprime

$$\varphi_M (\neg A) [n] = 1, \text{ ssi } \neg A \in E^{D}{}_M$$

où $E^{D}M$ est l'extérieur du domaine D ou le domaine des énoncés niés; et l'implication a pour forme

$$\varphi_M (A \overset{loc}{\rightarrow} B) [n^m] = 1, \text{ ssi } A \in D_M \text{ se transforme}$$

$$\text{exponentiellement en } B \in D_M$$

ce qui signifie que l'exponentiation est la représentation arithmétique de l'implication locale (stricte). Une chaîne d'implications quantifiées peut être représentée, par exemple, par une série de puissances ou par un produit de séries de puissances

$$\sum_n^{\infty} c_n x^n = (\sum_n^{\infty} a_n x^n) (\sum_n^{\infty} b_n x^n)$$

pour $c_n = a_0 b_n + a_1 b_{n-1} + \ldots + a_n b_0$, c'est-à-dire la diagonale ou le produit de Cauchy; cette diagonale est constructive dans la mesure où elle ne transcende pas la suite des nombres naturels comme la diagonale de Cantor.

Enfin, la conjonction et la disjonction ont pour formules

$$\varphi_M (A \wedge B) [n \times m] = 1, \text{ ssi } A \in D_M \text{ et } B \in D_M$$

et

$$\varphi_M (A \vee B) [n+m] = 1, \text{ ssi } A \in D_M \text{ ou } B \in D_M$$

Le modèle arithmétique n'est pas ensembliste, je le répète, ce n'est pas un modèle de l'arithmétique de Peano où l'on a un ensemble infini, des modèles non standards, une théorie catégorique du second ordre, etc... Si l'on peut parler de modèle non standard, de l'implication, par exemple, c'est uniquement dans le sens où une interprétation non arithmétique définit l'implication comme chemin ou arc dans un espace topologique simplement connexe : c'est là la notion de représentation qui donne un sens concret à l'interprétation intuitionniste de l'implication comme transformation. Mais si la représentation canonique est du second ordre, l'approximation par les séries de puissances – comme dans le cas de fonctions continues représentées par des séries de puissances – permet d'obtenir un modèle arithmétique du premier ordre qui est constructif (et pas seulement structurel).

Revenons à la descente infinie. Nous avons voulu nous assurer que notre version de l'induction demeurait arithmétique ou fermatienne sans addition d'ordinal-limite. Il n'est pas inutile de remarquer que Gentzen, dans sa preuve de consistance de l'arithmétique, interprète la descente infinie (indéfinie) comme une version de l'induction complète. C'est un abus que la plupart des logiciens et mathématiciens ont commis et j'ai tenté de montrer pour quelles raisons cette vue des choses était erronée ou à tout le moins insatisfaisante.

Il me reste à évaluer les mérites logiques et métalogiques de la descente infinie eu égard à son caractère finitaire. Fermat nous dit qu'il a utilisé sa méthode surtout pour les énoncés négatifs, mais qu'elle est applicable aussi pour les assertions — on peut penser ici qu'il a recours à la double négation, qui est inoffensive dans ce cas, puisque la descente ou l'induction est finie.

Qu'en est-il de la consistance ou de la non-contradiction ? Rappelons le vœu de Hilbert : obtenir une preuve de consistance de l'analyse par des moyens finitaires qui sont seuls à garantir la sécurité « Sicherheit ». On sait quel prix il faut verser. Mais peut-être est-ce un prix illusoire ? La preuve de consistance de l'induction complète, nous l'avons vu, est une preuve « globale ». A-t-on besoin d'une telle assurance ? Bourbaki soutient que la consistance est une question empirique et qui relève de chaque cas particulier. De même que la preuve de Matijasevič sur l'indécidabilité du 10ième problème de Hilbert — l'existence d'un algorithme de solution pour les équations diophantiennes — n'a pas d'impact sur la solution d'équations diophantiennes particulières, par exemple, le dernier théorème de Fermat, de même l'existence d'une preuve de consistance transfinie ne garantit en rien la consistance finie, puisque la validité « effinie » ne se réduit pas, d'un point de vue constructiviste, à la validité finie. L'insolubilité du 10ième problème de Hilbert est liée à l'arithmétique ensembliste (la notion d'énumérabilité récursive), comme la complétude (la notion de validité pour un ensemble infini) et l'incomplétude (par diagonalisation cantorienne). Faudra-t-il produire des versions constructives de ces résultats métalogiques, à la manière des intuitionnistes qui multiplient les variantes du théorème de Bolzano-Weierstrass, par exemple, ou encore de façon plus fondamentale, imiter les preuves élémentaires de Selberg, Erdös, Bombieri pour des théorèmes de la théorie analytique des nombres? En effet, le théorème de Bolzano-Weierstrass qui énonce que « tout ensemble borné de nombres réels sans point d'accumulation est numériquement borné » n'est pas démontrable constructivement et Brouwer en a donné un contre-exemple en recourant à la notion de problème indécidable. La pratique mathématique ici est plus révélatrice que la pratique logique : on sait mieux ce qu'est une preuve élémentaire, parce qu'on sait mieux ce qu'elle ne peut utiliser, les notions analytiques de fonctions entières, limites infinies, qu'on remplace par diverses techniques d'approximation, alors que la logique se contente souvent de ne rejeter que le tiers exclu pour les ensembles infinis. Mais le problème est plus profond et relève d'une analyse plus fine de la quantification (et des constantes logiques) et des notions ensemblistes qui ont investi la théorie logique de Frege à Gödel et jusqu'à maintenant. La pratique logicienne s'est toujours intéressée aux solutions globales du problème et il n'est pas étonnant que les résultats métalogiques les plus intéressants soient négatifs, c'est-à-dire des résultats d'indécidabilité. En effet, ces résultats sont invariablement formulés pour un langage si fort ou si riche en ressources ensemblistes que c'est l'incomplétude de la théorie des ensembles ou l'« effinité » du procès itératif de la construction des ensembles qui est la source de toute la problématique : il n'y a pas d'ordinal de tous les ordinaux pas plus qu'il n'y a de cardinal de tous les cardinaux et Cantor disait dans une lettre à Dedekind que la pluralité « Vielheit » de tous les ordinaux Ω était absolument infinie ou inconsistante ([10], 445). Mais pourquoi ne pourrait-on appliquer le même raisonnement à tous les ordinaux finis? Simplement, parce qu'on assigne un ordinal, ω, à l'ensemble de tous les ordinaux finis. La suite Ω' : 0, 1, 2, 3, ... ω_0, $\omega_0 + 1$, ... γ, ... est une suite bien ordonnée avec plus petit ordinal 0 et γ le type ordinal de la suite de tous les ordinaux qui précèdent γ; mais cette suite bien ordonnée devrait avoir comme type ordinal γ plus grand que tous les nombres dans Ω qui doit pourtant comprendre tous les ordinaux, d'où contradiction; Cantor remarque que c'est à partir de $\omega_0 + 1$ que la suite des ordinaux a cette propriété de l'itération transfinie, c'est-à-dire immédiatement après le premier ordinal-limite différent de 0. En d'autres termes, il faut un premier ensemble infini d'ordinaux, soit ω_0 pour obtenir $\omega_0 + 1$. Les types ordinaux finis correspondent aux cardinaux finis, alors que d'innombrables «unzählig» types ordinaux transfinis appartiennent à une même classe de types ordinaux, c'est-à-dire à un seul cardinal ([10], 298). Mais si un cardinal α détermine une classe de types ordinaux $[\alpha]$, le cardinal α' qui est déterminé par la classe $[\alpha]$ est différent et même plus grand que α en tant qu'il représente un ensemble bien défini dont les éléments sont constitués par l'ensemble des types α qui ont α pour cardinal : d'où la possibilité d'automorphismes autres que l'identité pour les cardinaux transfinis, ce qui correspond à la définition d'un ensemble infini chez Dedekind, c'est-à-dire la bijection avec un sous-ensemble propre. Rappelons que Dedekind avait proposé l'ensemble des pensées, («meine Gedankenwelt»), comme modèle d'ensemble infini – Cantor dira que la totalité du pensable, «Inbegriff alles Denkbaren», est inconsistante.

Notre analyse a permis de retracer l'origine du problème. Notons que certains logiciens ensemblistes (dont Reinhardt)[3] dans leur élan itératif vont jusqu'à ordonner Ω et poursuivent leur course au-delà Ω+1, etc.... Redescendons. La descente infinie est finiment consistante, parce qu'elle est une méthode concrète et qu'elle garantit la consistance effective. Depuis Tarski, on reconnaît qu'il ne peut y avoir de vérité globale dans les langues formalisées; on pourrait penser qu'il n'y a pas de consistance globale et plutôt que de grimper plus haut dans la hiérarchie des ordinaux pour démontrer la consistance de l'analyse, comme Gentzen pensait pouvoir le faire, il vaut sans doute mieux se limiter aux segments initiaux de la suite des nombres naturels. L'existence, récemment découverte, d'énoncés purement arithmétiques, et non de nature logique, qui sont indécidables dans l'arithmétique de Peano (résultats de Paris, Harrington et autres) nous invite à penser que l'arithmétique de Peano, tout comme la théorie axiomatique des ensembles Zermelo-Fraenkel (résultats de Cohen, Solovay et autres), n'est qu'un cadre formel non seulement incomplet au sens technique du terme, mais aussi au sens informel d'insuffisant. En effet, un système formel «suffisant» doit rendre compte ou représenter adéquatement les énoncés de la théorie formalisée;

3. W. N. Reinhardt a utilisé un principle de réflexion sur l'ensemble des ordinaux Ω (le grand oméga de Cantor) pour suggérer l'existence de cardinaux «fortement» infinis et itérer Ω, $\Omega + 1$, etc... On n'arrêtera pas ce bel élan ensembliste. Voir «Remarks on Reflection Principles, Large Cardinals and Elementary Embeddings» *Axiomatic Set Theory* II, Providence, R.I., American Mathematical Society, 1974, 189-205.

l'interprétation sémantique ou la théorie des modèles qui fait pendant généralement au système formel «satisfait» habituellement aux visées de la théorie, mais c'est la plupart du temps en recourant à des notions ensemblistes ou autres (catégoriques, par exemple) dont l'indétermination structurelle n'a d'égale que la relativité des modèles qu'elles viennent saturer. Une attitude pragmatique, mieux en accord avec la pratique, met l'accent sur la résolution locale des notions logiques au profit d'une analyse fondationnelle plus critique des démarches mathématiques ou philosophiques générales. Ce que l'on appelait jadis «métaphysique des quantités évanouissantes» (Lagrange) est devenue «métaphysique des mondes possibles» et la logique comme théorie de la vérité formelle invariante voit son domaine se restreindre à la seule logique du premier ordre défini par les propriétés de complétude, compacité et Löwenheim – Skolem (théorème de Lindström). Ces propriétés elles-mêmes en disent la nécessaire ouverture sur la sémantique ensembliste (ou sa saturation). Le retour à une métamathématique et à une métalogique non ensemblistes exige le renversement de la perspective frégéenne et la mise en question de l'héritage cantorien. Non pas pour les dénoncer, Frege et Cantor, comme pervertisseurs de la jeunesse, mais pour revenir à une théorie logique qui décrit mieux la pratique mathématique pour la critiquer mieux et en montrer à la fois la portée et les limites[4].

Ce que j'ai appelé l'arithmétique de Fermat ne résout pas tous les problèmes, mais ouvre une voie alternative dans la recherche fondationnelle (entreprise à la fois logique et mathématique, philosophique et historique). Je n'ai voulu que caractériser l'arithmétique fermatienne et la mettre en relief face à l'arithmétique de Peano surtout. Le programme d'une logique arithmétique est inséparable du dessein d'une logique interne du discours mathématique : si l'arithmétique ou théorie des nombres en est une pièce importante, la plus fondamentale peut-être, il importait de dire comment la logique était arithmétisable dans une perspective constructive, c'est-à-dire arithmétique. Et la descente infinie de l'arithmétique de Fermat m'a paru être l'instrument privilégié d'une telle arithmétisation ou constructivisation de la logique.

---

4. Je renvoie là-dessus à mon article «Hilbert et la logique interne des mathématiques» où je montre comment la pratique mathématique de Kronecker a influencé Hilbert et a même déterminé l'idéal finitaire de la métamathématique ou théorie des démonstrations. L'article doit paraître dans un numéro spécial de la *Revue internationale de philosophie* consacré à Hilbert.

BIBLIOGRAPHIE

1. Ackermann, W., «Zur Widerspruchsfreiheit der reinen Zahlentheorie», *Math. Ann.*, vol. 117 (1940), 162-194.
2. Aristote, *Physique*, texte établi et traduit par H. Carteron, 2 vols., 3e ed., Paris, Les Belles Lettres, 1961.
3. Baker, A., *Transcendental Number Theory,* London and New York, Cambridge University Press, 1975.
4. Beeson, A. M., *Foundations of Constructivist Mathematics,* Berlin-Heidelberg, Springer-Verlag, 1985.
5. Bishop, E., *Foundations of constructive analysis*, New York, McGraw-Hill, 1977.
6. Bourbaki, N., *Eléments des Mathématiques. Théorie des ensembles*, Paris, Hermann, 1970.
7. Bouveresse, J., *Le pays des possibles. Wittgenstein, les mathématiques et le monde réel*, Paris, Ed. de Minuit, 1988.
8. Brouwer, L.E.J., *Collected Works*, Vol. 1, Amsterdam, North-Holland, 1975.
9. Buss, S.R., *Bounded Arithmetic*, Napoli, Bibliopolis, 1986.
10. Cantor, G., *Gesammelte Abhandlungen*, hrsg. v. E. Zermelo, Hildesheim, Olms, 1966.
11. Carnap, R., *Philosophical Foundations of Physics*, New York, Basic Books, 1966.
12. Cavaillès, J., *Philosophie Mathématique*, Paris, Hermann, 1962.
13. Chaitin, G. J., «Algorithmic Information Theory», *IBM Journal of Research and Development*, vol. 21, no. 4, 350-359 (July 1977).

14. Chevalley, C. et Weil, A., «Hermann Weyl». *L'enseignement Mathématique*, tome III, fasc. 3 (1957).

15. Dauben, J., *Georg Cantor. His Mathematics and Philosophy of the Infinite*, Cambridge, Mass., Harvard University Press, 1979.

16. Davenport, H., *The Higher Arithmetic*, 3rd ed. London, Hutchison University Library, 1968.

17. Descartes, R., *Méditations Métaphysiques*, éd. F. Khodoss «Coll. Sup», Paris, P.U.F., 1984.

18. De Swart, H., «Another Intuitionistic Completeness Proof», *The Journal of Symbolic Logic*, 41 / 3 (1976), 644-662.

19. Dieudonné, J., *Penser les Mathématiques*, Coll. «Points», Paris, Gallimard, 1982.

20. Dugac, P., *Richard Dedekind et les fondements des mathématiques*, Paris, Vrin, 1976.

21. Dummett, M., *Elements of Intuitionism*, Clarendon Press, Oxford, 1977.

22. Edwards, H. M., *Fermat's Last Theorem*, New York - Heidelberg - Berlin, Springer-Verlag, 1977.

23. Ellison, W. J., *Les nombres premiers,* Paris, Hermann, 1975.

24. Euclide, *The thirteen books of Euclid's Elements*, 2nd ed. rev. with additions, 3 vols., New York, Dover, 1956.

25. Faltings, G., Wustholz et al., *Rational Points,* Braunschweig / Wiesbaden, Vieweg, 1984.

26. Fermat, P. de., *Oeuvres*, 3 vols., Paris, Gauthier-Villars, 1891, 1894, 1896.

27. Frege, G., *Grundgesetze der Arithmetik*, 2 Bände, Breslau, 1893, 1903.

28. —, *Die Grundlagen der Arithmetik*, Berlin, Marcus, 1934.

29. —, *Logische Untersuchungen*, hrsg. v., G. Patzig, Göttingen, Vandenhoek & Ruprecht, 1966.

30. —, *Kleine Schriften*, hrsg. v., I. Angelli Hidelsheim, Olms, 1967.

31. Gauthier, Y., *Fondements des Mathématiques*, Montréal, P.U.M., 1976.

32. —, «Intuitionistic Logic and Local Mathematical Theories». *Zeit. für Math. Logik u. Grund. Math,* 23 (1977), 411-414.

33. —, «Vers une théorie de la négation locale», *Abstracts of the 6th International Congress of Logic, Methodology and Philosophy of Science*, Hannover, 1979, section I, 25-29.

34. —, *Méthodes et concepts de la logique formelle*, 2e éd., Montréal, P.U.M., 1982.

35. —, *Théorétiques. Pour une philosophie constructiviste des sciences*, Longueuil, Le Préambule, 1983.

36. —, «Le constructivisme de Herbrand» (Abstract) *Journal of Symbolic Logic*, vol. 48, no.4, 1983, 1230.

37. —, «Quantum Mechanics and the Local Observer», *International Journal of Theoretical Physics*, vol.22, no. 12 (1983), 1141-1152.

38. —, «A Theory of Local Negation: the Model and some Applications», *Archiv für mathematische logik und Grundlagenforschung*, 25 (1985), 127-143.

39. —, «Proof – theoretical analysis of physical theories: the case of renormalization procedures in quantum field theories», *Zeit. für Alg. Wissenschaftsth*, XIV / 2. (1985), 251-260.

40. —, «Constructivity and the Internal Logic of Mathematics. Hermann Weyl's Constructivism», *Exact Sciences and their Philosophical Foundations*, Vorträge des Internationalen Hermann-Weyl-Kongresses, hrsg. v., W. Deppert *et alii*, Frankfurt am Main, Verlag Peter Lang, 1988, 311-323.

41. —, «Fondements des Mathématiques». *Encyclopédie Philosophique Universelle*, Tome I, Paris, P.U.F., 1989, 541-549.

42. —, «Finite Arithmetic with Infinite Descent», *Dialectica*, vol. 43, no. 4 (1989), 329-337.

43. Gentzen, G., *Collected Papers*, ed. by E. Szabo, Amsterdam, North-Holland, 1969.

44. Girard, J. Y., «A Survey of Π^1_2 — logic». *Abstracts of the 6th International Congress of Logic, Methodology and Philosophy of Science*, Hannover, 1979, section I, 2-6.

45. —, «The Ω-Rule». *Proceedings of the International Congress of Mathematicians*. Warszawa, 1983, vol. I, Amsterdam, North-Holland, 1984, 307-321.

46. —, *Proof theory and complexity of proofs* I, Napoli, Bibliopolis, 1987.

47. Gödel, K., «Ueber eine bis jetzt noch nicht benützte Erweiterung des finiten Standpunktes», *Dialectica,* 12, 1958, 280-287.

48. —, *Collected Works*, vol. I, ed. by S. Feferman et alii, Oxford, Oxford University Press, 1966.

49. Goodstein, R. L., *Constructive Formalism*, Leicester, University College, 1951.

50. Granger, G.G., *La théorie aristotélicienne de la science*, Paris, Aubier-Montaigne, 1976.

51. Hallett, M., *Cantorian Set Theory and Limitation of Size*, Oxford, Oxford Logic Guide Series, 1984.

52. Hankel, H., *Theorie der complexen Zahlensysteme*, Leipzig, 1867.

53. Hardy, G. H., *A Mathematician's Apology*, London, Cambridge University Press, 1940.

54. Hasse, H., *Zahlentheorie*, 2. Auflage, Berlin, Akademie-Verlag, 1963.

55. Heyting, A., *Intuitionism*, Amsterdam, North-Holland, 1970.

56. Hilbert, D., «Ueber das Unendliche», *Math. Ann.,* B. 95, 1926.

57. —, *Gesammelte Abhandlungen*, 3 Bände, Berlin, Julius Springer, 1933.

58. — et Bernays, P., *Grundlagen der Mathematik*, vol. 2, Berlin, Springer, 1939.

59. Ireland, K. and Rosen, A., *A Classical Introduction to Modern Number Theory*, New York – Heidelberg – Berlin, Springer-Verlag, 1982.

60. Johnstone, P. T., *Topos Theory*, London – New York – San Francisco, Academic Press, 1977.

61. Kreisel, G., «On the Interpretation of non-finitist proofs» Part I, *The Journal of Symbolic Logic*, vol. 16, no. 4 (1951), 241-267.

62. —, «Hilbert's Programme», *Dialectica*, 12, 1958, 346-372. Voir aussi le «Postcript» de 1978 de la version révisée de cet article dans *Philosophy of Mathematics*, ed. by P. Benacerraf and H. Putnam 2nd ed. Englewood Cliffs, N.J., Prentice-Hall, 1983; traduction française J. Largeault, *Intuitionisme et théorie de la démonstration,* Paris, Vrin (collection Mathesis), à paraître en 1991.

63. — et Krivine, J. L., *Eléments de logique mathématique*, Paris, Dunod, 1967.

64. —, «A Survey of Proof Theory». *The Journal of Symbolic Logic*, vol. 33 (1968), 321-388.
65. —, «A Survey of Proof Theory II». *Proceedings of the Second Scandinavian Logic Colloquium*, Amsterdam, North-Holland, 1971, 235-307.
66. — and Krivine, J. L., *Elements of Mathematical Logic*, Amsterdam, North-Holland, 1971.
67. — and MacIntyre, A., «Constructive Logic versus Algebraization I». *The L.E.J. Brouwer Centenary Symposium*, ed. by A.S. Troelstra & D. van Dalen, Amsterdam, North-Holland, 1982.
68. —, «Informal rigour and completeness proofs». *Problems in the Philosophy of Mathematics*, ed. by I. Lakatos, Amsterdam, North-Holland, 1967, pp. 138-186.
69. Kunen, K., *Set Theory*, North-Holland, Amsterdam, 1980.
70. Kushner, B. A., *Lectures on Constructive Mathematical Analysis*, trans. by E. Mendelson, Translations of Mathematical Monographs, vol. 60, American Mathematical Society (Providence, R.I.; 1984).
71. Lagrange, J. L., *Théorie des fonctions analytiques. Oeuvres*, vol. 9, Paris, Gauthier-Villars, 1984.
72. Leibniz, G. W., *Mathematische Schriften*, 7 Bände, hrsg. v., C.I. Gerhardt, B.V., Hildesheim, Olms, 1982.
73. Lindström, B., «On Extensions of Elementary Logic». *Theoria*, 35 (1969), 1-11.
74. Moschovakis, Y., *Descriptive Set Theory*, Amsterdam, North-Holland, 1980.
75. Mostowski, A., «On various degrees of constructivism». *Constructivity in Mathematics*, ed. by A. Heyting, Amsterdam, North-Holland, 1959.
76. Nelson, E., «Internal Set Theory: a new approach to nonstandard analysis». *Bull. Amer. Math. Soc.*, 83 (1977), 1161-1198.
77. —, *Predicative Arithmetic*, Mathematical Notes 32, Princeton University Press, Princeton N. J., 1986.
78. —, «The Syntax of Nonstandard Analysis», *Annals of Pure and Applied Logic*, 38 (1988), 123-134.
79. Paris, J. and Harrington, J., «An Incompleteness Result in Peano Arithmetic», *Handbook of Mathematical Logic*, ed. by J. Barwise, Amsterdam. North-Holland, 1977, 1133-1142.

80. Platon, *Le Sophiste*, tome VIII, 3e par. *Oeuvres Complètes*, texte établi et traduit par Auguste Diès, 3e éd. revue et corrigée, Paris, Les Belles Lettres, 1955.

81. Poincaré, H., *Dernières Pensées*, Paris, 1913.

82. Poizat, B., *Cours de théorie des modèles*, Paris. Nur - Al - Mantiq Wal - Ma'rifah, 1985.

83. Prawitz, D., *Natural Deduction*, Stockholm, Almquist & Wiksell, 1965.

84. —, «Ideas and Results in Proof Theory». *Proceedings of the Second Scandinavian Logic Colloquium*, Amsterdam, North-Holland, 1971, 235-307.

85. Quine, W. v. O., *Philosophy of Logic*, Englewoods Cliffs, N.J., Prentice-Hall, 1970.

86. Richard, J., «Les principes des mathématiques et le problème des ensembles». *Acta Mathematica,* 30 (1906), 295-296.

87. Šanin, N. A., *Constructive Real Numbers and Constructive Function Spaces*, trans. by E. Mendelson, Translations of mathematical monographs, vol. 21, American Mathematical Society (Providence, R.I..1968).

88. Schütte, K., *Beweistheorie*, Berlin, Springer, 1960.

89. —, *Proof Theory*, New York, Springer, 1977.

90. Shanker, S. G., *Wittgenstein and the Turning-Point in the Philosophy of Mathematics*, London and Sidney, Croom Helm, 1987.

91. Shapiro, H. N., *Introduction to the theory of numbers*, New York, J. Wiley and Sons, 1983.

92. Shelah, S., *Classification Theory*, Amsterdam. North-Holland, 1979.

93. Simpson, G., «Nichtbeweisbarkeit von gewissen kombinatorischen Eigenschaften von endlicher Baüme», *Archiv für mathematische Logik und Grundlagenforschung,* 25 (1985), 45-65.

94. Silverman, J. H., *The Arithmetic of Elliptic Curves*, New York, Springer-Verlag, 1986.

95. Smorynski, C., «Lectures on Nonstandard Models of Arithmetic». *Logic Colloquium 82*. Amsterdam, New York, Oxford, North-Holland, 1984, 1-70.

96. Statman, R., *Structural Complexity of Proofs,* diss., Stanford 1974, University Microfilms, Ann Arbor, Michigan, 1977.

97. Szabo, A., *Die Anfänge der griechischen Mathematik*, München, Oldenburg, 1969.

98. Takeuti, G., *Proof Theory*, Amsterdam, North-Holland, 1975.

99. Thomas d'Aquin, *Somme Théologique,* 1a, 8.7, tome I, Paris, Les Editions du Cerf, 1984.

100. Troelstra, A. S., *Principles of Intuitionism*, Lecture Notes in Mathematics, vol. 95., Berlin - Heidelberg - New York, Springer, 1969.

101. —, *Choice Sequences*, Clarendon Press, Oxford, 1977.

102. Wang, Hao, *From Mathematics to Philosophy*, New York, Humanities Press, 1974.

103. Weil, A., *Number Theory, An Approach through History*, Boston - Basel -Stuggart, Birkhaüser, 1984.

104. Weyl, H., *Das Kontinuum*, Berlin, 1917.

105. —, *Raum, Zeit, Materie*, Berlin, 1918.

106. —, *Gruppentheorie und Quantenmechanik*, Leipzig, 1928.

107. —, *The Classical Groups. Their Invariants and Representations*, Princeton N. J., Princeton University Press, 1939.

108. —, *Philosophy of Mathematics and Natural Science*, New York, Atheneum, 1968.

109. —, *Gesammelte Abhandlungen*, 4 Bände, hrsg. v. K. Chandrasekharan, Berlin - Heidelberg - New York, Springer-Verlag, vol. II, 1968.

110. Wittgenstein, L., *Philosophical Investigations*, trans. by G.E. M. Anscombe, Oxford, Basil Blackwell, 1958.

111. —, *Philosophical Grammar*, ed. by R. Rhees, trans. by A. Kenny, Oxford, Basil Blackwell, 1958.

112. —, *Philosophical Remarks*, ed. by R. Rhees, trans. by Raymond Hargraves and Roger White, Oxford, Basil Blackwell, 1975.

113. —, *Wittgenstein's Lectures on the Foundations of Mathematics, Cambridge, 1939*. From the notes of R.G. Bosanquet, N. Malcolm, Rhees and Smythies, ed. by Diamond, Hassocks, Sussex, the Harvester Press, 1976.

114. —, *Remarks on the Foundations of Mathematics* 3rd ed. by G.H. von Wright, R. Rhees and G.E.M. Anscombe, trans. by G.E.M. Anscombe, Oxford, Basil Blackwell, 1978.

115. Wright, C., *Wittgenstein on the Foundations of Mathematics*, London, Duckworth, 1980.

INDEX DES NOMS PROPRES

ARISTOTE : 21, 22, 23, 29, 30, 60, 78, 79, 80, 83, 85, 94, 117.

BISHOP, E. : 14, 25, 65.

BOURBAKI, N. : 11, 38, 43, 59, 123.

BROUWER, L.E.J. : 10, 25, 27, 28, 29, 34, 52, 57, 62, 65, 66, 70, 75, 78, 80, 82, 84, 88, 89, 103, 104, 113, 120, 124.

CANTOR, G : 7, 31, 32, 33, 34, 35, 39, 45, 47, 48, 50, 51, 52, 53, 54, 56, 57, 59, 61, 64, 71, 72, 80, 83, 116, 117, 118, 122, 124, 125, 126.

DEDEKIND, R. : 16, 32, 35, 59, 73, 124, 125.

DUMMETT, M. : 41, 67, 97, 105.

EUCLIDE, 15, 16, 23, 39, 55, 58, 73, 78, 79, 80, 83, 85, 117, 119.

FALTINGS, G. : 16, 110.

FERMAT, P. DE : 7, 16, 17, 18, 23, 39, 69, 70, 71, 72, 73, 74, 75, 76, 77, 78, 85, 107, 110, 116, 118, 119, 120, 121, 123, 126.

FREGE, G. : 22, 23, 24, 29, 30, 31, 47, 81, 82, 94, 119, 124, 126.

GAUSS, F. : 16, 34, 35, 55, 74, 86.

GENTZEN, G. : 17, 27, 45, 51, 60, 62, 65, 70, 79, 85, 99, 116, 117, 118, 119, 123, 125.

GIRARD, J.Y. : 19, 51, 60, 118.

GÖDEL, K. : 15, 19, 33, 36, 45, 46, 47, 48, 49, 50, 54, 55, 62, 67, 72, 94, 96, 113, 116, 119, 124.

HERBRAND, J. : 15, 33, 62, 116.

HEYTING, A. : 26, 27, 71, 116.

HILBERT, D. : 9, 13, 15, 17, 30, 33, 34, 35, 36, 37, 39, 43, 45, 48, 49, 62, 65, 67, 68, 83, 86, 93, 102, 103, 113, 123.

HUSSERL, E. : 29, 89.

KANT, I. : 12, 30, 31, 89.

KREISEL, G. : 17, 18, 26, 28, 36, 58, 66, 67, 83, 86, 93, 96.

KRIPKE, S. : 29, 87, 96.

KRONECKER, L. : 16, 34, 39, 58, 126.

KUMMER, E. : 16, 58.

LEIBNIZ, W.F. : 19, 22, 29, 80.

MATIJASEVIČ, YU.V. : 7, 48, 123.
NELSON, E. : 8, 36, 83, 112, 113.
PEANO, G. : 15, 19, 23, 44, 47, 71, 72, 81, 112, 113, 115, 116, 119, 122, 125, 126.
PLATON : 23, 29, 83, 92, 94.
POINCARÉ, H. : 30, 82, 84, 121.
POIZAT, B. : 19.
QUINE, W.V.O. : 10, 22, 29, 30, 87, 88.
RUSSELL, B. : 24, 30, 31, 47, 82, 84, 103.
SĂNIN, N.A. : 7, 14.
SHELAH, S. : 19.
SKOLEM, T. : 15, 19, 38, 48, 50, 62, 116, 126.
TAKEUTI, G. : 51, 63, 65, 72, 117, 118.
TARSKI, A. : 15, 22, 30, 49, 50, 62, 67, 125.
TROELSTRA, A.S. : 7, 25, 97.
WEIL, A. : 16, 18, 90, 110, 120.
WEYL, H. : 9, 18, 28, 36, 87, 88, 89, 90, 91, 92.
WITTGENSTEIN, L. : 18, 24, 41, 82, 83, 84, 85, 86, 87, 94, 103.

INDEX DES NOTIONS

Appreuve : 67.
Arithmétique de Peano : 15, 19, 23, 71, 72, 112, 113, 115, 122, 126.
Arithmétique transfinie : 7, 34, 35, 44, 45, 51, 52, 56, 62, 65, 70, 71, 72, 73, 75, 83, 88, 115, 117, 119.
Axiome du choix : 17, 30, 32, 33, 47, 86, 93.
Catégoricité : 19, 50.
Certification : 13, 37, 68, 86, 123.
Conjecture de Mordell : 16, 110.
Consistance : 36, 37, 38, 45, 47, 49, 51, 61, 62, 113, 117, 119, 123, 125.
Constructivisme : 12, 41, 42, 43, 61, 65, 68, 87, 89, 90, 92, 93, 103, 104, 105, 115, 123, 126.
Déduction naturelle : 27, 60, 99.
Descente infinie : 7, 17, 69, 70, 71, 72, 73, 74, 76, 77, 78, 85, 109, 110, 112, 115, 118, 119, 120, 121, 123, 125, 126.
Éventail : 100.
Hypothèse du continu : 47, 48, 50.
Induction effinie : 15, 71, 73, 74, 75, 76, 77, 121.
Induction : 30, 69, 71, 72, 73, 116, 118, 119, 123.
Infinitésimal : 32, 117.
Informatique : 39.
Intuitionnisme : 25, 26, 27, 29, 51, 62, 65, 67, 80, 82, 96, 97, 98, 104, 105, 124.
Logique arithmétique : 15, 22, 69, 106, 115, 126.
Logique classique : 10, 23, 24, 25, 27, 66, 68, 91.
Négation locale : 15, 24, 65, 92, 94, 99, 102, 114, 122.
Non standard : 44, 45, 113.
Ordinal : 32, 34, 45, 48, 51, 52, 56, 61, 63, 64, 76, 81, 116, 117, 118, 124.
Prédicatif : 55, 103, 112, 113.
Produit de Cauchy : 101, 122.
Quantificateur effini : 28, 65, 71, 84, 85, 98, 101, 120, 121.
Réduction : 71, 74, 75.

Suite effinie : 15, 70, 84, 101, 103.
Théorème d'incomplétude : 24, 36, 46, 54, 62, 113, 119, 123.
Théorème de Bolzano-Weierstrass : 35, 124.
Théorème de Cantor : 50.
Théorème de compacité : 19, 126.
Théorème de complétude : 19, 24, 37, 49, 123, 126.
Théorème de décision : 25, 49.
Théorème de Heine-Borel : 43, 63.
Théorème de Löwenheim-Skolem : 19, 24, 50, 126.
Théorème de représentation : 55.
Tiers exclu : 25, 27, 28, 29.
Zermelo-Fraenkel (théorie axiomatique des ensembles) : 47, 73, 94, 125.

TABLE DES MATIÈRES

Avant-propos 7
Introduction 9

I. *Logique interne et logique externe* 21
1.0. Logique 21
1. 1. Logique classique et logique non classique 23
1. 2. La logique de Heyting 26
1. 3. La théorie de la négation chez Brouwer 28
1. 4. Le programme logiciste 29
1. 5. La philosophie cantorienne 31
1. 6. De l'arithmétisation de l'analyse à l'arithmétisation de la logique 34

II. *La logique mathématique* 41
2. 0. Mathématiques 41
2. 1. Mathématiques classiques et mathématiques constructives 42
2. 2. Arithmétique non standard et théorie des ensembles 44
2. 3. La sémantique ensembliste 48
2. 4. Une théorie des démonstrations transarithmétiques ? 51
2. 5. La diagonale de Cantor 52
2. 6. Le problème de la représentation 55
2. 7. La théorie des démonstrations 58

III. *La logique du discours mathématique* 69
3. 0. Une théorie finitaire de l'arithmétique avec

descente infinie 69
3. 1. L'arithmétique de Fermat et la descente infinie... 71
3. 2. Induction effinie et réduction finie 74
3. 3. L'infini chez Euclide et Aristote 78
3. 4. Logique et arithmétique chez Frege 81
3. 5. Wittgenstein et la règle à l'infini 82
3. 6. Le constructivisme de Hermann Weyl 87
3. 7. Une théorie de la négation et de la complémentation locale 92
3. 8. Le système formel d'une logique locale 97
3. 9. Le modèle arithmétique 99

Conclusion 103
Appendice I 109
Appendice II 112
Appendice III 115
Bibliographie 127
Index des noms propres 135
Index des notions 137
Table des matières 139

Dans la même collection

Essai de logique déontique

par

Patrice BAILHACHE

La *logique déontique* est la science formelle du *devoir-être*, comme la simple logique est celle du raisonnement en général. Comme celle-ci, elle a pour principes la réduction au minimum des hypothèses fondamentales, l'emploi universel de l'analyse formelle et le respect de la rigueur.

Dans cette démarche, le langage et les intuitions ordinaires, bien qu'indispensables comme sources du savoir, se révèlent trompeurs. Est-il obligatoire que deux et deux fassent quatre? Est-il obligatoire qu'hier Pierre ait tué Jacques? De prime abord, ces questions paraissent oiseuses. Pourtant, l'analyse logique, dans laquelle l'axiomatique se trouve confortée par la sémantique, montre qu'il n'en est rien. Dans la confrontation aux dimensions modales de l'être et du temps, les normes acquièrent un surcroît de signification, ce qui est la preuve, à tout le moins, que notre langage de tous les jours contient beaucoup d'imperfections.

En tout cas, il y a un caractère fondamental dans le devoir-être, qui le distingue nettement de modalités « anonymes » comme celles de l'être ou du temps : c'est le fait qu'il concerne des personnes. La présente étude exploite au maximum cette relation des normes aux individus, montrant notamment tout le profit qu'on peut tirer du regroupement de ces derniers en *ensembles*, au sens mathématique du terme.

ACHEVÉ D'IMPRIMER
EN AVRIL 1991
PAR L'IMPRIMERIE
DE LA MANUTENTION
A MAYENNE
N° 140-91